Simone Janson

Selbstorganisation und Zeitmanagement

W0048720

Simone Janson

Selbstorganisation und Zeitmanagement

Weniger Stress mit strukturiertem Arbeitsablauf
Mehr Motivation durch gute Organisation
Mit Praxistipps und Checklisten

REDLINE WIRTSCHAFT

Bibliografische Information der Deutschen Nationalbibliothek
Die Deutsche Nationalbibliothek verzeichnet diese Publikation in der Deutschen Nationalbibliografie.
Detaillierte bibliografische Daten sind im Internet über http://dnb.d-nb.de abrufbar.

ISBN 978-3-636-01415-3

Unsere Web-Adresse:
www.redline-wirtschaft.de

© 2007 by Redline Wirtschaft, Redline GmbH, Heidelberg.
Ein Unternehmen von Süddeutscher Verlag | Mediengruppe.

Umschlaggestaltung: Vierthaler & Braun, München
Umschlagabbildung: Digital Vision
Satz: Jürgen Echter, Redline GmbH
Druck: Himmer, Augsburg
Printed in Germany

Inhalt

Anmerkung

Um das Arbeiten mit diesem Buch für Sie möglichst einfach und effizient zu gestalten, haben wir wichtige Textpassagen mit folgenden Icons gekennzeichnet:

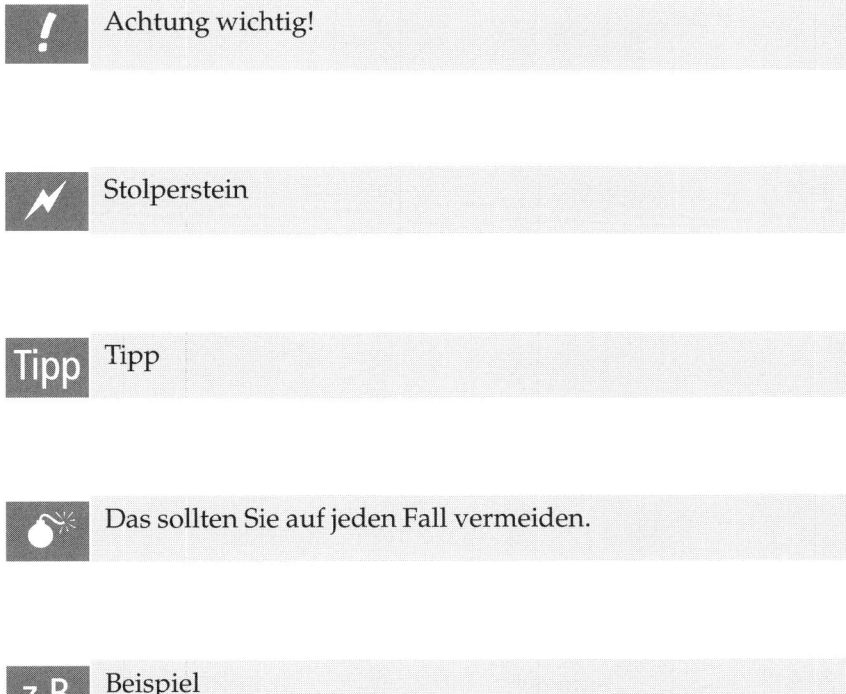

Achtung wichtig!

Stolperstein

Tipp

Das sollten Sie auf jeden Fall vermeiden.

Beispiel

1.

Selbstorganisation und Zeitmanagement als Schlüssel des Erfolgs

Möglicherweise haben Sie schon öfter von Zeitmanagement gehört, aber bislang noch nie die Muße gehabt, sich damit zu beschäftigen. Als Selbstständiger sollten Sie das aber, denn Zeit ist Geld – und es sind Ihr Geld und Ihre Zeit, die Sie durch eine schlechte Arbeitsorganisation verschwenden, nicht das Geld Ihres Chefs. Wie sich das auswirken kann, beweist jährlich aufs Neue die weltweite Produktivitätsstudie der amerikanischen Unternehmensberatung Proudfoot Consulting (http://www.proudfoot.de) vom Juli 2006[1]: In deutschen Unternehmen werden im Schnitt 32,5 Tage im Jahr verschwendet – durch Managementfehler wie zu viel Verwaltung, Doppelarbeit und endlose Konferenzen. Zeit ist Geld: 170 Milliarden Euro pro Jahr verliert die deutsche Wirtschaft durch zeitliches Missmanagement. Dabei stehen die Deutschen im internationalen Vergleich noch gut dar: Weltweit werden 30 Prozent der geleisteten Arbeitszeit unproduktiv zugebracht.

Vielleicht sind Sie nur ein relativ kleines Unternehmen, vielleicht sogar ein Ein-Personen-Betrieb mit einer sehr überschaubaren Struktur und noch wenigen Aufträgen. Doch je höher die Umsatzzahlen Ihres Unternehmens werden, je mehr Kunden es hat und je mehr Aufträge Sie nebeneinander abwickeln müssen, sprich, je mehr Ihr Unternehmen wächst, desto wichtiger wird es, dass Sie Ihre Arbeitsorganisation im Griff haben. Denn je größer Sie mit Ihrer Firma werden, desto mehr bürokratischen Aufwand haben Sie auch. Es gilt, Forderungen des Finanzamtes abzuwickeln, Mitarbeiter einzustellen, Sie müssen mehr Akten anlegen, mehr Projekte verwalten, den Überblick über mehr Termine behalten und vieles sonst. Dann ist es gut, wenn Sie von vornherein gut organisiert und strukturiert gearbeitet haben, am besten gleich in der Anfangsphase der Gründung Ihres Unternehmens. Denn wenn sich falsche Arbeitstechniken erst einmal einschleifen, ist es hinterher umso schwerer, diese Verhaltensweisen wieder zu ändern.

Aber selbst wenn Sie vorhaben sollten, ein Kleinstunternehmen zu bleiben, ist es wichtig, dass Sie Ihr Zeitmanagement im Griff haben. Je besser Sie Ihre Zeit planen, desto mehr können Sie in der Ihnen zur

---

1 »Proudfoot Productivity Report 2006« unter »News und Publications«.

Nutzen Sie Phasen, in denen Sie wenig Aufträge haben, gezielt, um Zeitmanagementtechniken zu üben, statt nur herumzusitzen und auf neue Kunden zu warten. Dann sind Sie vorbereitet, wenn Sie plötzlich von Aufträgen und Kunden überrannt werden.

Verfügung stehenden Zeit erreichen. Schließlich hängt der Erfolg Ihres Unternehmens nicht nur von Ihrer Fachkompetenz ab: »Wer seine Arbeitsorganisation im Griff hat, hat auch sein Unternehmen im Griff«, so ein (leicht abgewandeltes) Sprichwort. Nicht ohne Grund: Denn welchen Vorteil haben Sie, wenn Sie zwar mit vielen Aufträgen gesegnet sind, aber nur wenig Geld dafür bekommen, weil Sie Ihren Zeitbedarf nicht richtig eingeschätzt und schlecht verhandelt haben? Oder was bringt es Ihnen, wenn zwar der Verdienst stimmt, Sie aber den wichtigen Termin beim Finanzamt nicht einhalten konnten? Und was haben Sie davon, wenn Sie zwar kompetent und engagiert sind, wesentliche Entscheidungen aber immer wieder aufschieben und dadurch Kunden verlieren?

Doch nicht nur die Produktivität, sondern auch Ihre Gesundheit leidet unter einem schlechten Zeitmanagement. »Natürlich«, werden Sie sagen, »jeder hat Stress, das ist heutzutage etwas völlig Normales. Wer Zeit hat, macht etwas falsch.« Tatsächlich ist es gerade unter Existenzgründern chic, mehrmals am Tag per Handy angeklingelt zu werden oder über die ständige Dauerbelastung zu klagen. Aber ist das auch sinnvoll? Tatsache ist: Wer sich nicht regelmäßige Auszeiten gönnt, bleibt auf Dauer nicht gesund und produktiv. Und damit ist der Erfolg des Unternehmens wieder gefährdet. Sorgen Sie deshalb für eine ausgeglichene Balance zwischen Arbeits- und Privatleben und trennen Sie beides – das ist als Selbstständiger gar nicht so einfach, wie Sie vielleicht schon gemerkt haben. Nur dann können Sie auf Dauer motiviert und mit Freude arbeiten.

Als Selbstständiger haben Sie bei der Gestaltung Ihrer Arbeitsorganisation einen klaren Vorteil: Sie sind nicht von den Vorgaben eines Vorgesetzten abhängig, sondern Ihr eigener Chef und können so organisieren, wie es Ihnen am besten passt. Das birgt jedoch auch einen Nachteil: Sie müssen sich selbst organisieren, niemand zwingt Sie zur Arbeit, und niemand hält Sie davon ab, zu viel zu arbeiten. Und Sie müssen alle Entscheidungen allein treffen. Das kann auf Dauer belastend sein.

 Sie finden Zeitmanagementtechniken umständlich und glauben, Sie haben dafür keine Zeit? Das erscheint Ihnen nur am Anfang so. Untersuchungen zeigen, dass Sie eine Arbeitstechnik einundzwanzigmal üben müssen, bevor sie Ihnen in Fleisch und Blut übergeht. Dann machen Sie es ganz automatisch! Ihre bisherige, möglicherweise uneffektivere Arbeitsweise haben Sie ja auch irgendwann gelernt. Probieren Sie doch einfach mal etwas Neues!

Gute Arbeitsorganisation wirkt sich also gleich in mehrerlei Hinsicht auf den Erfolg Ihres Unternehmens aus. Schauen Sie sich dazu die folgenden Beispiele typischer Situationen von Selbstständigen an. Sie verdeutlichen, dass die optimale Organisation den Erfolg eines Unternehmens erheblich verbessern kann und dass Ihnen das Lesen dieses Buches dabei hilft. Vielleicht erkennen Sie sich in der einen oder anderen Situation sogar wieder.

Vor dem Lesen dieses Buches	**Nach dem Lesen dieses Buches**
Herr A. schafft es einfach nicht, sich zur Arbeit zu motivieren. Morgen, morgen ist seine Devise. Wie soll daraus noch etwas werden?	Herr A. hat sich bewusst gemacht, welche Ziele er hat und was notwendig ist, diese zu erreichen. Da er jetzt weiß, was er will, fällt es ihm viel leichter, darauf zuzusteuern. Deshalb schiebt er unliebsame Arbeiten auch nicht mehr auf.
Herr S. schafft es nicht, neue Kunden zu gewinnen, da er selbst nicht recht von seiner Leistung überzeugt ist.	Herr S. hat seine Stärken und Schwächen analysiert und weiß nun, was er kann und was nicht. Das motiviert ihn.

Frau P. ist unschlüssig, welche Aufträge Sie annehmen soll und welche nicht. Daher wirkt sie auf potenzielle Kunden oft unentschlossen und verzettelt sich bei verschiedenen Projekten. Ihr fehlt ein eindeutiges, klares Unternehmensprofil, das sie von der Konkurrenz abhebt.	Frau P. hat sich ihre Ziele klargemacht und weiß nun, was Sie will. Danach sucht sie sich die Projekte aus und lehnt auch solche ab, die Ihr langfristig keinen Erfolg versprechen. Dadurch kann Sie sich mehr auf das Wesentliche konzentrieren und erledigt Ihre Arbeit besser.
Frau L. ist oft müde und abgespannt. Sie arbeitet Tag und Nacht, und dennoch wird sie nicht fertig. Sie hat häufig das Gefühl, sich aufzureiben und doch nichts hinzubekommen.	Frau L. hat gelernt, ihre Leistungskurve in ihren Arbeitsrhythmus einzubauen, öfter mal zu pausieren und bewusst Übungen zur Stressreduktion zu machen. Seitdem arbeitet Sie zwar weniger, aber produktiver.
Herr K. vergisst häufiger Termine und verliert sehr viel Zeit beim Suchen von Adressen, wichtigen Notizen und Arbeitsmaterialien.	Herr K. hat sich ein effizientes Ordnungssystem angeeignet. Jetzt fällt es ihm leichter, Sachen abzulegen und wiederzufinden. Außerdem hat er nach einigem Herumprobieren den passenden Organizer für seine Adressen und seine Terminplanung gefunden.
Frau C. will, dass Ihre Kunden immer zufrieden sind. Wenn sich doch jemand beschwert, ist das ein schwerer Schlag für sie. Sie kann mit eigenen Fehlern einfach nicht umgehen.	Frau C. hat gelernt, zu Kunden auch mal Nein zu sagen. Außerdem sieht sie Beschwerden nun als konstruktive Kritik, seit sie gelernt hat, mit Fehlern umzugehen.

Herr F. fühlt sich von der täglich auf ihn einstürmenden Arbeit schlicht überfordert: seine eigentliche Arbeit absolvieren, die Buchhaltung erledigen, Kundentelefonate entgegennehmen, in der Branche stets auf dem neuesten Stand bleiben – das kriegt er einfach nicht hin.	Herr F. hat einen Mitarbeiter auf 400-Euro-Basis eingestellt, an den er einfache Arbeiten delegiert. Außerdem hat er die Bürokratie vereinfacht und weiß nun besser mit der täglichen Informationsflut aus Zeitungen, Branchenzeitschriften, Fachbüchern und E-Mails umzugehen. Für Kunden ist er nur noch eingeschränkt erreichbar.
Frau N. braucht sehr lange, um Entscheidungen zu fällen. Steht die Entscheidung endlich, denkt Sie häufig noch lange darüber nach.	Frau N. hat systematische Entscheidungsfindungsmethoden für sich entdeckt. So kann sie sich ihren Entscheidungsprozess verdeutlichen. Und auch hinterher ist sie nun nicht mehr unsicher, sondern kann sich klarmachen, dass die Entscheidung wohlüberlegt war.

2.

Motivation – Finden Sie heraus, was Sie bewegt und antreibt

Motivation ist sicherlich der emotionalste Teil der Arbeitsorganisation eines Selbstständigen. Aber da Sie nun einmal ein Mensch und keine Maschine sind, ist er umso wichtiger. Motivation kommt vom lateinischen »movere« und heißt etwas bewegen. Motivation ist die Antriebskraft für Bewegungen und Handlungen. Aber diese Kraft benötigt wie ein Motor permanent Kraftstoff, um weiter vorwärtszukommen. Diesen Kraftstoff findet jeder sowohl in sich selbst als auch in seiner Umwelt. Aus innerem Antrieb heraus entstehen die Wünsche, etwas zu tun. Wissenschaftler sprechen in diesem Zusammenhang von intrensischer Motivation. Doch niemand agiert im luftleeren Raum, andere Menschen und Erfahrungen beeinflussen die eigene Einstellung und das Verhalten. Die intrensische Motivation wird also auch von äußeren Faktoren beeinflusst – das ist die sogenannte extrensische, also von außen kommende Motivation. Zu diesen Faktoren zählen neben vielen anderen auch finanzielle Anerkennung und Lob. So ist es zum Beispiel wunderbar, wenn Ihnen die Arbeit Spaß macht, doch wenn Bezahlung oder Anerkennung zu wünschen übrig lassen, werden Sie sich wahrscheinlich fragen, ob die Anstrengungen sich lohnen und warum Sie das eigentlich auf sich nehmen.

Wenn alles gut läuft, Sie Erfolg haben und zufrieden sind, läuft der Motor wie von selbst, ohne dass Sie es merken. Denn dann werden die Reserven immer wieder durch die Befriedigung der eigenen Bedürfnisse und die Bestätigung von außen aufgetankt, der Erfolg selbst wirkt als Antriebskraft. Leider läuft oftmals gerade bei einer Existenzgründung so manches schief. Das können kleinere Probleme sein, wie einzelne Kunden, die sich über Ihre Leistung beschweren oder ein defekter Computer, der Kosten verursacht. Manchmal sind es aber auch gewichtigere, existenzbedrohende Probleme, etwa dass dauerhaft Kunden wegbleiben oder das Finanzamt eine größere Steuernachzahlung verlangt, weil Ihr Steuerberater sich geirrt hat. In jedem Fall hat Ihre Handlung nicht zum gewünschten Erfolg, sondern zu einem Misserfolg geführt. So etwas ist nicht schön, kommt aber häufiger vor, als die meisten Unternehmer zugeben wollen. Wie Sie auch aus solchen Misserfolgen Vorteile ziehen, erfahren Sie in einem späteren Kapitel. Zunächst geht es darum, dass Sie sich nicht demotivieren lassen. Natürlich ist, zumal bei schwerwiegenden Problemen, häufig die Versuchung groß, die Selbstständigkeit wieder aufzugeben. In manchen Fällen mag das durchaus sinnvoll sein. Doch viele Miseren lassen sich mit einer guten Planung und Umsetzung lösen oder von vornherein ganz vermeiden. Um dies jedoch engagiert und ohne zu zögern angehen zu können, ist es wichtig, dass Sie einige Motivationsmechanismen kennenlernen. Die sind genau dann abrufbar, wenn Stressfaktoren Sie zu demotivieren drohen.

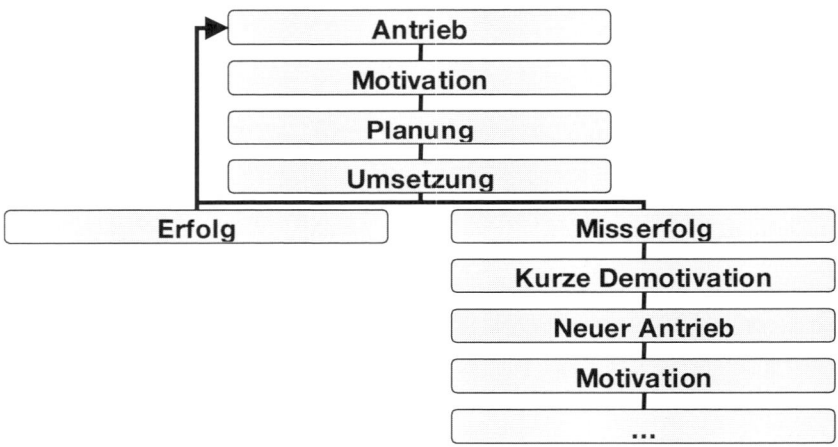

Abbildung 1:   So wirkt Motivation

Ziele setzen

Was immer Sie als Selbstständiger tun, tun Sie in der Regel, weil Sie etwas erreichen wollen. Dieses Ziel bildet als Motiv Ihres Handelns die Grundlage Ihrer Motivation. Manche Menschen sind bei der Festlegung ihrer Ziele unentschlossen und haben in Anbetracht der verschiedenen Möglichkeiten Angst, sich festzulegen und dadurch später eine bessere Gelegenheit zu verpassen.

Natürlich – wenn Sie sich keine Ziele setzen, sind Sie auch nie auf dem falschen Weg. Der Antiquitätenhändler etwa muss sich dann keine Sorgen machen, ob die richtigen Kunden in sein Geschäft kommen, er

z.B. Ein Antiquitätenhändler verkauft gebrauchte Möbel. Einige wenige Kunden sind wohlhabend und in der Lage, viel Geld in qualitativ hochwertige und teure Möbel zu investieren. Daneben hat er aber viele andere Kunden, die nur sehr billige gebrauchte Möbel kaufen können. Natürlich ist es möglich, beide Kundengruppen nebeneinander zu bedienen. Aber Lagerraum für so viele verschiedenartige Möbel ist teuer, und jede der beiden Zielgruppen erfordert andere Werbemaßnahmen, was wiederum mehr Zeit und Geld kostet. Es wäre daher besser, wenn der Händler sich nur auf eine der beiden Zielgruppen festlegen würde, um deren Wünschen so gut wie möglich zu entsprechen.

kann einfach alle Kunden bedienen. Aber Sie sind auch nie auf dem richtigen Weg. Ziele dienen der Fokussierung Ihres Handelns auf das Wesentliche. Und wenn der Händler sich nur auf eine Zielgruppe festlegt, muss er zwar einige Kunden abweisen, kann aber seine Zielgruppe mit geringerem Aufwand viel effektiver bedienen und dadurch seinen Kundenkreis auch erweitern.

Welche Ziele Sie sich bei Ihrer Existenzgründung setzen, hängt im Wesentlichen von Ihren Bedürfnissen ab. Dabei gibt es keine richtigen oder falschen, guten oder schlechten Motive. Entscheidend ist allein, was Sie wollen: Möchten Sie sich selbst verwirklichen? Wollen Sie unabhängig sein? Ist Ihr Ziel, viel Geld zu verdienen? Oder wünschen Sie sich Anerkennung von anderen und die Macht als Chef? Um sich über Ihre Wünsche und Bedürfnisse klar zu werden, nutzen Sie am besten eine persönliche Zielscheibe, wie Sie auf Seite 23 finden. Sie zeigt Ihnen, welche Motive bei Ihrer Selbstständigkeit eine wichtige Rolle spielen, und verdeutlicht Ihnen, wo Ihre persönlichen Ziele liegen.

Die Zielscheibe besteht aus fünf Kreisen: Der innerste schwarze Kreis bedeutet, dass Sie sehr unzufrieden sind. Der äußerste weiße Kreis bedeutet, dass Sie sehr zufrieden sind. Dazwischen gibt es Abstufungen – halbwegs zufrieden heißt beispielsweise, dass Sie mit der Situation gerade noch klarkommen. Um den Kreis herum sehen Sie die sechs Themen, um die es Ihnen bei Ihrer Zielsetzung geht. Drei davon betreffen direkt Ihr Berufsleben: Sind Sie persönlich mit Ihrem Job zufrieden, füllt Sie Ihre Tätigkeit aus? Fühlen Sie sich finanziell abgesichert, ist Ihre Existenz gesichert? Fühlen Sie sich von anderen beruflich genug anerkannt, üben Sie genug Einfluss aus, um durchsetzen zu können, was Sie wollen? Aber auch das Privatleben als Ausgleich zum anstrengenden Alltag als Selbstständiger spielt eine Rolle: Haben Sie die Zeit, die Sie für sich brauchen, etwa zum Entspannen? Sind Sie gesund, oder hat die Arbeit negative Auswirkungen auf Ihre Gesundheit? Haben Sie ein soziales Leben, Freunde, Bekannte, Familie, Partner, mit denen Sie regelmäßig etwas unternehmen?

Ziehen Sie nun vom Zentrum des Kreises gerade Pfeillinien in Richtung des jeweiligen Themas – aber immer nur bis zu dem Kreis, der Ihrem Zufriedenheitsgrad entspricht. Dabei geht es ganz allein um Ihre persönliche Zufriedenheit. Wenn Ihre finanzielle Situation beispielsweise prekär ist, Sie aber finden, dass Sie genug Geld haben, oder wenn Sie zwar keinerlei Anerkennung von anderen bekommen, Ihnen das aber völlig egal ist, können Sie den Pfeil ruhig bis »sehr zufrieden« ziehen. Wenn Sie umgekehrt fünf Stunden am Tag mit Ihren Kindern verbringen, aber finden, dass Sie noch mehr Zeit für Ihre Familie haben müssten, kommt der Pfeil eben nicht über den ersten oder zweiten Kreis hinaus. Verbinden Sie jetzt alle Pfeilspitzen miteinander – je eiförmiger der Kreis ist, desto mehr Zielvorgaben haben Sie, in den Bereichen mit geringerem Zufriedenheitsgrad die höchste Zufriedenheit zu erreichen. Und auch wenn Ihr Kreis ganz rund ist, besteht Ihr Ziel darin, die jeweilige Zufriedenheit zu erhalten.

Aber es reicht nicht, nur ein abstraktes Ziel zu formulieren, etwa: Ich werde Millionär. Wichtig ist, dass das Ziel vorstellbar, beschreibbar und formulierbar ist und dass Sie wissen, was Sie zum Erreichen dieses Ziels tun müssen. Sonst haben Sie kein Ziel, sondern lediglich einen Vorsatz. Sie sollten daher Ihre Ziele schriftlich, ambitioniert und positiv, aber auch realistisch und so konkret wie möglich abfassen. Dazu gehört auch, dass Sie das Erreichen des Ziels terminieren. Legen Sie einen realistischen Zeitpunkt fest, bis wann Sie Ihr Ziel beziehungsweise einzelne Etappen erreicht haben wollen. Sie können dann daran direkt Ihren Erfolg messen, oder Sie wissen, dass noch Handlungsbedarf besteht.

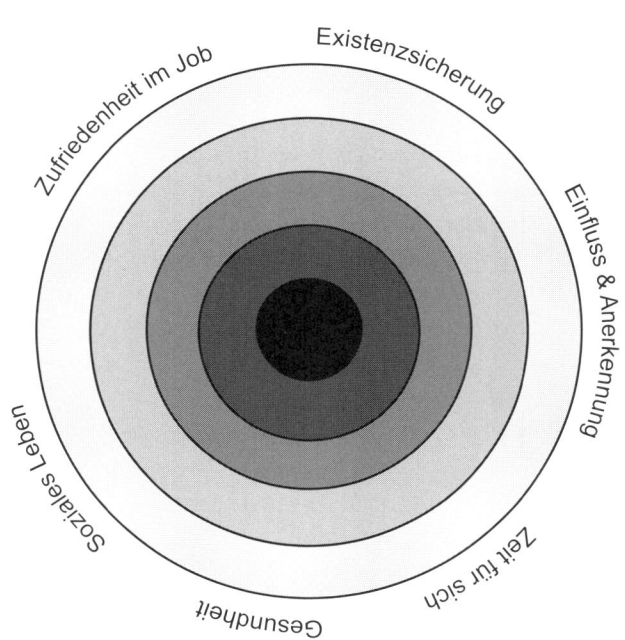

sehr
unzufrieden

eher
unzufrieden

halbwegs
zufrieden

eher
zufrieden

sehr
zufrieden

Abbildung 2: Persönliche Zielscheibe

Tipp Wenn Sie sich Ziele setzen und diese erreichen, motiviert Sie das Erfolgserlebnis, sich wieder neue Ziele zu setzen.

Ungenauigkeit bei der Zielformulierung bringt Sie nicht weiter. Wenn Sie beispielsweise schreiben: »Ich will viel Geld verdienen«, ist das eine sehr vage Formulierung. Wie viel Geld ist »viel Geld« für Sie? Ist es wirklich möglich und realistisch, dass Sie diese Summe verdienen? Bedenken Sie auch, was Sie dafür aufwenden müssen. Wenn Sie zwar mit der Selbstständigkeit viel Geld verdienen, aber gleichzeitig weniger arbeiten wollen als bisher, besteht ein Zielkonflikt. Sie müssen nun abwägen, was Ihnen wichtiger ist. Mit einer möglichst genauen Formulierung lösen Sie das Dilemma: »Ich arbeite im ersten Jahr etwas mehr, bis mein Unternehmen etablierter ist. Aber dann möchte ich weniger arbeiten.« Oder: »Ich möchte zwei Stunden am Tag mehr Zeit für meine Kinder haben und daher weniger arbeiten. Die finanziellen Einbußen nehme ich in Kauf.« Schon haben Sie den Zielkonflikt gelöst. Ziele sind also etwas Positives. Damit Sie aber nicht von hochgesteckten Zielen abgeschreckt werden, ist es sinnvoll, das Ziel in mehrere kleinere Etappen aufzuteilen – wie eine Salami, die Sie in Scheiben schneiden. Daher heißt diese Vorgehensweise auch Salamitechnik.
Formulieren Sie zunächst das Ziel. Anschließend überlegen Sie, welche Zwischenziele dorthin führen und was Sie dafür tun müssen, diese Zwischenziele zu erreichen. Diese Handlungen setzen Sie dann in die Tat um. Wichtig ist, dass Sie zumindest das jeweils nächste Zwischenziel für erreichbar halten. Am besten arbeiten Sie wieder schriftlich. Um sich einen besseren Überblick zu verschaffen, können Sie die Ziele in einzelne Kategorien aufteilen, etwa langfristige und kurzfristige Ziele, Tages- oder Wochenziele – wie in diesem Beispiel gezeigt.

Langfristige Ziele	Maßnahmen	Wann zu erreichen?
Ich will 30.000 Euro im Jahr verdienen und gleichzeitig einen gesunden Ausgleich zwischen Arbeit und Privatleben erreichen.	Ich arbeite zunächst mehr, um die Kunden von meiner Leistung zu überzeugen. Ich mache mein Produkt bekannter, sodass es zur Marke wird.	In 5 Jahren
…	…	…

Mittelfristige Ziele	Maßnahmen	Wann zu erreichen?
Ich verdiene 15.000 Euro im Jahr.	Ich investiere in eine bessere technische Ausstattung und einen besseren Kundenservice. Ich investiere in Werbung.	In den nächsten zwei Jahren
…	…	…
Kurzfristige Ziele	**Maßnahmen**	**Wann zu erreichen?**
Zehn neue Kunden	Ich führe Werbeaktionen auf den zwei wichtigsten Branchenmessen durch und schalte Anzeigen in wichtigen Tageszeitungen. Ich stelle zwei neue Mitarbeiter für den Service ein.	Im kommenden Jahr
…	…	…

Es wäre jedoch ein Fehler zu glauben, Ziele seien starr und unabänderlich. Ziele können sich ändern. Wenn Sie ein Ziel erreicht haben, können Sie natürlich erst einmal zufrieden mit sich sein. In der Zwischenzeit hat sich die Welt aber weitergedreht: Sie haben neue Erfahrungen gemacht, und Ihre Bedürfnisse haben sich verändert. Und auch Ihre Kunden haben immer wieder andere, neue Wünsche. Sie sollten daher Ihre Bedürfnisse mit der oben dargestellten Methode wenigstens einmal pro Jahr überprüfen und Ihre Ziele bei Bedarf neu definieren. Das kann bedeuten, dass Sie sich ganz neue Ziele setzen, aber auch, dass Sie bestehende Ziele aufgrund von Erfahrungen modifizieren.

Auch wenn Sie hoch motiviert sind und alles, wirklich alles für Ihr Unternehmen getan haben – manchmal stellt sich der Erfolg einfach

z.B. Am Anfang wollten Sie als Selbstständiger vielleicht erstmal genug Geld zum Leben verdienen. Wenn Sie merken, dass es gut läuft, steigen vermutlich Ihre finanziellen Ansprüche. Sie wollen nun Summe X verdienen. Damit definieren Sie ein neues Ziel, abgeleitet aus Ihren veränderten Bedürfnissen.

nicht ein. Denn selbst wenn man mit Motivation, Planung und einer optimalen Umsetzung die Weichen in die richtige Richtung selbst stellen kann, gehört immer auch etwas Glück zum Erfolg. Die Angst vor dem Misserfolg darf Sie auf keinen Fall davon abhalten, es zu versuchen. Wenn Sie jedoch feststellen, dass Sie anhaltend keinen Erfolg haben, sollten Sie Ihre Zielsetzung überdenken: Vielleicht ist das Ziel zum jetzigen Zeitpunkt oder überhaupt nicht umsetzbar – einfach wegen der widrigen Umstände, an denen Sie nichts ändern können. Natürlich ist es zunächst frustrierend, sich von einem Ziel zu verabschieden. Aber wenn Sie etwas Abstand gewonnen haben, ist es das Beste, die Niederlage sportlich und sich selbst nicht zu ernst zu nehmen. Stecken Sie sich ein neues Ziel.

z.B. Herr G. will in der Herstellung von Halsbändern für mexikanische Zwergnackthunde nach umfangreichen Analysen eine Marktlücke entdeckt haben und ist bereit, alles dafür tun, um damit viel Geld zu verdienen. Er stellt besonders exklusive und besonders preisgünstige Halsbänder her, besucht Tierheime und Ausstellungen, spricht Hundezüchter direkt an, baut ein Informationsportal im Internet auf und schreibt ein Buch. Doch er hat einfach Pech: Die Hunderasse ist gerade im Aussterben begriffen, der Import wird verboten, die Hunde sind plötzlich unpopulär. Schließlich gibt Herr G. auf und verschenkt seine Halsbänder übers Internet. Und plötzlich werden die Teile als extravaganter Armschmuck der Renner der Saison und Herr G. kommt mit der Produktion kaum noch nach. Dieser Erfolg war natürlich vollkommen ungeplant.

Es ist zwar wichtig, das Ziel im Auge zu behalten, jedoch sollten Sie dabei nicht stur und verbissen geradeaus schauen, sondern auch mal einen Blick nach links und rechts werfen. Denn auch am Wegesrand warten Chancen, die Sie wahrnehmen können, ohne Ihr Ziel aus den Augen zu verlieren.

Ziele im Auge behalten

Ihre Ziele im Auge zu behalten, ist jedoch nicht immer einfach. Im Tagesgeschäft muss jeder Selbstständige Kompromisse und Abstriche bei seinen eigenen Vorstellungen machen. Statt am Willen des Chefs müssen Sie sich nun an den Wünschen der Kunden orientieren. Oder Sie merken, dass Sie Ihre Ziele zwar erreichen, das Ergebnis in der Realität aber nicht genau Ihren Vorstellungen entspricht. Das alles kann frustrieren, und darüber kann man auch schon mal vergessen, welches Ziel man eigentlich verfolgt. Schließlich fragen Sie sich: »Warum tue ich mir diesen Stress eigentlich an?« oder »Warum habe ich mich überhaupt selbstständig gemacht?«

 Schütten Sie nicht das Kind mit dem Bade aus, nur weil ein paar Dinge nicht optimal laufen. Vergegenwärtigen Sie sich lieber, wie viele Ihrer Wünsche Sie durch die Selbstständigkeit bereits verwirklichen können. Was können Ihnen einige Punkte, die nicht so geklappt haben, schon anhaben?

Es gab vermutlich gute Gründe, warum Sie den Schritt in die Selbstständigkeit gewagt haben. Und die sollten Sie nicht vergessen. Auch nicht, wenn Sie im Laufe Ihrer Selbstständigkeit auf das eine oder andere demotivierende Problem stoßen; auch nicht, wenn Ihnen die Sache über den Kopf zu wachsen droht. Halten Sie sich immer vor Augen, warum Sie sich so entschieden haben. Zu Anfang Ihrer Gründung sind Sie vielleicht noch relativ euphorisch und optimistisch, im Laufe der Zeit stumpft diese Begeisterung erfahrungsgemäß durch die Alltagsroutine mit ihren größeren und kleineren Problemen ein wenig ab.

Nutzen Sie die Anfangsstimmung, um sich eine Liste Ihrer guten Gründe anzulegen. Achten bei der Formulierung darauf, dass Sie sich klarmachen, warum Sie sich bewusst für diese Möglichkeit entschieden haben – denn niemand hat sie gezwungen, sich selbstständig zu machen. Schreiben Sie also nicht: »Ich bin arbeitslos, mir bleibt keine Wahl«, sondern: »Ich will nicht länger arbeitslos sein, sondern wieder etwas Sinnvolles tun/mich nicht mehr von der Arbeitsagentur gängeln lassen/mich selbst verwirklichen« usw. Sie werden sehen, dass auf diese Weise die Formulierungen gleich viel positiver und motivierender klingen und Ihre Existenzgründung als das darstellen, was sie ist – das Ergebnis einer bewussten Entscheidung, die so falsch nicht gewesen sein kann, selbst wenn ein paar Probleme auftreten.

Um sich das immer wieder zu verdeutlichen, sollten Sie die Liste an einem sicheren Ort aufbewahren. Und wenn Ihnen später die Arbeit über den Kopf wächst, Sie Geldsorgen haben oder Ihre Kunden sich über Fehler beschweren (alles Probleme, die bei Selbstständigen auftreten können, aber nicht müssen), holen Sie diese Liste hervor und vergegenwärtigen Sie sich erneut, weshalb Sie selbstständig sind. Und haken Sie all die Aspekte ab, die sich durch die Selbstständigkeit erfüllt haben. Solch eine Liste könnte etwa so aussehen (natürlich können und sollten Sie noch weitere Punkte hinzufügen):

Checkliste: Warum haben Sie sich selbstständig gemacht?

- Ich will zukünftig keinen Chef mehr haben
- Ich will meine Arbeitszeit frei einteilen können
- Ich will mich vor allem mit den Dingen beschäftigen, die mir Spaß machen
- Ich will nicht mehr arbeitslos sein, sondern etwas Sinnvolles tun

Solche Checklisten können Sie auch für andere Motive anlegen, die Sie im Auge behalten wollen, beispielsweise eine zum Thema »Warum will ich mehr Kunden gewinnen« (etwa um mehr zu verdienen und die Position des eigenen Unternehmens zu sichern) oder »Warum will ich einen besseren Service anbieten« (um mehr Kunden zu gewinnen) usw. All diese Ziele erfordern einen gewissen Aufwand, und nicht alle

Wünsche lassen sich verwirklichen, aber wenn Sie sich stets klarmachen, warum Sie den Stress auf sich nehmen und was Sie damit schon erreicht haben, bleiben Sie am Ball.

Sie werden feststellen, dass eine Checkliste mit persönlichen Zielen dauerhaft viel sinnvoller ist, als jene, die Sie als »Sind-Sie-ein-Unternehmertyp?«-Checkliste in vielen Publikationen finden und die abfragt, ob Sie motiviert genug sind, eine Existenzgründung durchzuhalten. In der Regel sind diese verallgemeinernden Listen eher abschreckend und die Typologisierungen ohnehin irreführend. Selbstständigkeit hat heutzutage viele Facetten, und von einem klassischen Unternehmertyp kann man kaum noch sprechen. Viel sinnvoller ist es, seine ganz eigenen, persönlichen Ziele bei einer Existenzgründung festzuschreiben und sich immer wieder damit zu beschäftigen.

Motivation durch andere holen und erfahren

Möglicherweise kennen Sie Aspekte des Themas Motivation noch aus Ihrer Zeit als Angestellter: Hier hat der Chef die Mitarbeiter ständig zu Leistung angespornt, oder die Kollegen haben sich gegenseitig immer wieder aufgebaut. Die Motivation von außen erhalten Sie jetzt durch Freunde, Familie und Bekannte, andere Selbstständige, die in einer ähnlichen Situation stecken wie Sie, Kunden und Auftraggeber oder – seltener – durch Ihre eigenen Mitarbeiter.

Ihr privates Umfeld

Eine Existenzgründung ist immer eine neue Situation, die sehr viel Veränderung und auch Verunsicherung mit sich bringt. Wenn Ihr Berufsleben schon im Wandel begriffen ist, sollte es in Ihrem Leben zumindest andere stabilisierende Komponenten geben: etwa Ihr soziales Umfeld, Familie, Freunde und Bekannte. Diese sollten Sie in schwierigen Situationen trösten, emotional motivieren und Ihnen das Gefühl geben, dass Sie nicht alleine stehen. Hier müssen Sie auch mal jammern dürfen und Ihren ersten Frust über das Misslingen einer Angelegenheit abladen können.

 Nicht alle Menschen in Ihrem privaten Umfeld stehen vielleicht Ihrer Selbstständigkeit positiv gegenüber. Da gibt es die ängstlichen Eltern oder einen Ehemann und Kinder, die sich mehr Zeit von der Selbstständigen wünschen. Dennoch mögen diese Menschen Sie und stehen wahrscheinlich im Ernstfall auch hinter Ihnen. Sehen Sie daher über die kleinen Fehler Ihrer Lieben hinweg.

Ihr privates Umfeld hat in der Regel von Ihrer Arbeit wenig Ahnung. Auch wenn Sie immer wieder erklären, was Sie vorhaben, können selbst nahestehende Familienmitglieder das nicht immer nachvollziehen. Überfordern Sie Ihr soziales Umfeld nicht, indem Sie erwarten, dass die anderen genau verstehen, was Sie eigentlich denken, und Sie darin immer unterstützen. Das ist unmöglich!

Netzwerke

 Gezieltes Networking wird häufig nur im Zusammenhang mit Kundengewinnung gesehen. Dabei wird oft vergessen, dass Netzwerke nicht in erster Line dazu da sind, um von ihnen zu profitieren, sondern um sich gegenseitig zu helfen – etwa mit Rat und Tat, Information und Motivation. Wenn Sie Netzwerke als Austauschplattformen betrachten, stellen sich neue Aufträge ganz von selbst ein.

Ihr soziales Umfeld gibt Ihnen emotionalen Halt. Ihre Gefühle sollten Sie daher zum Großteil in Ihrem Privatleben lassen. Aber berufsspezifische Probleme und Fachthemen lassen sich in der Regel viel besser mit Leuten besprechen, die sich in Ihrem Beruf auch auskennen, denn nur die können einen sachlichen Rat geben – etwa andere Selbstständige bevorzugt aus derselben Branche. Natürlich kennt jeder irgendwie jemanden, vielleicht sind in Ihrem Bekanntenkreis ohnehin viele Selbstständige. Doch gerade wenn Sie als Selbstständiger weitestgehend alleine arbeiten, ist es wichtig, dass Sie sich nicht auf einige wenige Kontakte verlassen, sondern sich gezielt ein Netzwerk von unterschiedlichen Meinungen und Kompetenzen aufbauen, auf das Sie im Bedarfsfall zurückgreifen können. Das bedeutet nicht, dass Sie in Ihrem Adressbuch lediglich notieren, wen Sie im Notfall fragen könnten. Networking heißt keinesfalls, irgendwelche, aber möglichst viele Kontakte zu haben, auch wenn das manchmal hilfreich ist. Viele Situationen erfordern nur wenige, aber absolut passende Kontakte – und diese zu knüpfen, zu gestalten und zu pflegen, braucht es hohes persönliches Engagement. Denn nur wenn Sie wissen, welche Informationen oder Hilfe Sie von wem bekommen können, hilft Networking Ihnen weiter.

 Verwechseln Sie berufliche Kontakte nicht mit Freundschaften. Netzwerke dienen einem sachlichen Austausch. Klar, dass Sie dabei auch mal Gefühle zeigen. Doch Netzwerkpartner können auch Konkurrenten sein. Natürlich kommen Sie mit übermäßigem Misstrauen nicht weit, aber bedingungsloses Vertrauen ist nicht angebracht. Networking sollte ein Geben und Nehmen sein.

Eine Metapher verdeutlicht das Networkingprinzip: Der Networker wirft wie ein Fischer seine Netze aus. Durch Zufall oder Fleiß fängt er große und kleine Fische, das bringt Gewinn, aber mancher Fisch entgeht ihm auch, wenn das Netz reißt. Daher muss er es immer wieder sorgfältig knüpfen und erneuern. Networking ist also das methodische und systematische Knüpfen nützlicher Kontakte – eine Vorgehensweise, die dem Zufall auf die Sprünge hilft, die richtigen Menschen zu treffen.

Netzwerke erfordern Fingerspitzengefühl: Wenn Sie sich nicht gerade an gute Freunde wenden, müssen Sie zunächst Vertrauen gewinnen. Je geringer dabei die eigene Erwartungshaltung ist, desto besser, denn in der Regel freuen sich Menschen über ehrliches Interesse an Ihrer

Ein Netzwerk mit Menschen, die Sie eigentlich gar nicht mögen und zu denen Sie nur nett sein möchten, um irgendwann daraus einmal einen Vorteil zu ziehen, funktioniert auf Dauer nicht. Suchen Sie gezielt Kontakt zu den Menschen, bei denen auch der persönliche Sympathiefaktor stimmt.

Person. Wer also anderen offen und ehrlich ohne allzu viele Hintergedanken begegnet, baut Vertrauen auf. Auch das gemeinsame Interesse an einem bestimmten Thema kann Vertrauen schaffen. Dieses wird jedoch schnell verspielt, wenn man direkt durchblicken lässt, dass man nur Interesse hat, weil man etwas von dem anderen erwartet. Wer nämlich dann keinen entsprechenden Gegenwert anbieten kann, hinterlässt unbewusst den Eindruck, ausgenutzt zu werden – und der Kontakt reißt ab. Gehen Sie daher nicht (nur) von der Überlegung aus: »Was brauche ich«, sondern auch von der Frage: »Für wen kann ich etwas tun?«. Geben und nehmen sollten sich allerdings die Waage halten. Und häufig funktioniert Networking auch indirekt auf sehr verschlungenen Wegen über dritte Personen.

 Überwinden Sie die Angst, andere, weitgehend fremde Menschen direkt anzusprechen. Natürlich kostet es Überwindung. Doch machen Sie sich klar: Mehr als Nein sagen kann niemand, und Sie selbst können nur gewinnen!

So gehen Sie beim Networking gezielt vor:

❏ Schreiben Sie sich zu neuen und alten Bekannten wichtige Dinge auf, beispielsweise auf der Rückseite von Visitenkarten, in der Notizbuchfunktion Ihres Palms oder in einer eigenen Datei auf dem Computer. Notieren Sie Grundlegendes wie Adressen, Geburtstage oder Hobbys und persönliche Vorlieben. Ebenso wichtig sind gemeinsame Gesprächsthemen, Projekte und Unternehmungen oder die Geschenke, die Sie sich überreicht haben. Verzeichnen Sie auch die Kontakte des Bekannten – solche die Ihnen selbst bekannt sind und die noch unbekannten.

❏ Halten Sie Kontakte aufrecht: Ihrer Kreativität sind dabei keine Grenzen gesetzt, die Möglichkeiten reichen von einfachen Geburtstagsglückwünschen bis zu regelmäßigen gemeinsamen Unternehmungen. Entscheidend ist aber, dass Sie Geduld haben, denn ein Netzwerk kann mehrere Jahre bestehen, bevor sich Erfolge zeigen, und oft kommen diese dann völlig ungeplant.

❏ Es gilt der Grundsatz: Jeder kennt jeden um sechs Ecken. Wenn sich in Ihrem unmittelbaren Umkreis niemand mit den Fachkompetenzen befindet, die Sie gerade brauchen, bitten Sie jemanden um Hilfe, der so jemanden kennen könnte. Ein Beispiel: Sie benötigen einen Rechtsanwalt mit Kenntnissen im Patentrecht. Ihre Tochter hat eine Freundin, deren Mutter Rechtsanwaltsgehilfin ist. Diese könnte ihren Chef bitten, Ihnen einen Fachkollegen zu empfehlen.

❏ Wenn Ihnen auf Anhieb niemand einfällt, den Sie wegen Ihres Problems ansprechen könnten, dann schreiben Sie 30 Personen auf, die sie zu Ihren Kontakten zählen, und überlegen Sie dann in Ruhe, wer von dieser Liste Ihnen mit einer guten Empfehlung weiterhelfen kann. Berücksichtigen Sie ruhig auch entfernte Kontakte, etwa die Mutter der Schulfreundin Ihrer Tochter.

 Testen Sie, wie gut Ihr persönliches Netzwerk wirklich ist: Schreiben Sie die Mitglieder einer bestimmten Gruppe (etwa Bekannte aus Studienzeiten, ehemalige Kollegen oder Ähnliches) auf ein großes Blatt Papier. Wenn Sie einen Vor- oder Nachnamen (oder beides) nicht kennen, setzen Sie an diese Stelle ein Fragezeichen. Sie können Ihr eigenes Adressbuch als Hilfsmittel verwenden, aber keine von anderen Personen erstellten Listen wie Telefonbücher usw. Ergebnis: Je mehr Fragezeichen sich am Ende auf der Liste wiederfinden, desto verbesserungsfähiger ist die eigene Netzwerkstrategie.

Nutzen Sie für Ihr Networking auch spezielle Angebote von professionellen Netzwerken, Plattformen und Verbänden. Hier finden Sie Kontakte zu Menschen, die Ähnliches vorhaben oder schon durchführen. Das Angebot ist reichhaltig und unübersichtlich, einige Netzwerke existieren nur virtuell im Internet, andere organisieren regelmäßige Mitgliedertreffen und wieder andere sind etablierte Verbände. Einige der Netzwerke sind kostenlos, andere kosten ein paar Euro im Monat und manche sind richtig teuer.

 Berufsverbände und Interessenvertretungen – dazu gehören branchenübergreifend die Gewerkschaft ver.di (für Freiberufler, http://www.verdi.de), die Industrie- und Handelskammer (http://www.ihk.de), der Zentralverband des Deutschen Handwerks (http://www.zdh.de) oder der Deutsche Arbeitgeberverband (http://www.dav-ev.de). Über diese Verbände bekommen Sie Kontakt zu branchenspezifischen Verbänden.

Internet – http://www.xing.com lässt sich zudem kostenlos (einfache Mitgliedschaft!) ein umfangreiches Profil hinterlegen und Kontakt zu anderen aufnehmen. Hier können Sie andere Leute ansprechen oder in verschiedenen Gruppen mit anderen Usern verschiedenste Themen diskutieren. Ähnlich, aber mit zahlreichen zusätzlichen Funktionen, etwa einem Chatforum und einem Web-Radio ist http://www.theweps.com ausgestattet.

Spezielle Angebote – beispielsweise Netzwerke für Existenzgründer – bieten zahlreiche Organisationen, die Businessplanwettbewerbe ausschreiben (Übersicht unter: http://www.fgf-ev.de). Frauen finden zahlreiche Organisationen in der Mitgliederliste des Deutschen Frauenrats (http://www.frauenrat.de).

Berater

Motivation können Sie schließlich auch kaufen, je nachdem wie Ihre Motivation aussehen soll: Zum einen gibt es eben eher persönliche Probleme, die im Zuge der besonderen Belastung, die eine Existenzgründung darstellt, auftreten können. Dazu gehören übermäßiger Stress (etwa weil Sie ständig neuen Situationen ausgesetzt sind),

(Existenz-)Ängste oder persönliche Unsicherheit. Wenn die Belastung zu stark wird und Ihr soziales Umfeld Ihnen nicht helfen kann oder will, ist es keine Schande, auch professionelle Hilfe in Anspruch zu nehmen. Auf dem Markt gibt es dazu ein breites Angebot an Seminaren und Einzelberatungen, Psychologen, psychologischen Beratungen und Coachs, die auf alle möglichen Gebiete spezialisiert sind.

 Die Adressen bekommen Sie über die Gelben Seiten, Bildungsanbieter vor Ort (etwa die Volkshochschule) oder über Berufsverbände wie den Berufsverband Deutscher Psychologinnen und Psychologen (http://www.bdp-verband.org), den Verband Freier Psychotherapeuten, Heilpraktiker für Psychotherapie und Psychologischer Berater (http://www.vfp.de) oder den Deutschen Verband für Coaching und Training (http://www.dvct.de).

In vielen Fällen kann die Beratung bei speziellen fachlichen Problemen einem Selbstständigen jedoch eine weitaus wertvollere Motivation sein. Kostenlose Existenzgründungsberatungen, die von Kammern, regionalen Gründungsinitiativen und Wirtschaftsförderungen oder den Agenturen für Arbeit angeboten werden, können in der Regel nur erste allgemeine Hilfestellungen bieten. Sie sind vor allem für die Zeit vor und während der Gründungsphase gedacht. Wenn Sie aber schon eine Weile selbstständig sind, sehen Sie sich mit ganz speziellen Herausforderungen konfrontiert und benötigen eine auf Ihre besondere Situation zugeschnittene fachliche Beratung, die dann eben auch etwas kostet.

 Preisgünstig sind Initiativen, in denen ehemalige Fach- und Führungskräfte jungen Gründern durch eine vertiefende Beratung oder längerfristige Betreuung unter die Arme greifen, ihnen Know-how und Kontakte vermitteln, beispielsweise der Verein Alt hilft Jung (www.althilftjung.de), der Senior-Experten-Service (www.ses-bonn.de) oder die Business Angels (http://www.business-angels.de).

Wenn Sie allerdings nicht nur Erfahrung, sondern einen professionellen Berater zu einem bestimmten Themengebiet suchen, dann sollten Sie sich unter http://www.kfw-beraterboerse.de (auf Suche klicken) einen Überblick über das bundesweite Beratungsangebot verschaffen. Mit verschiedenen Optionen können Sie die Suche dabei auf Ihre speziellen Bedürfnisse zuschneiden.

z.B. Frau M. betreibt ein Architekturbüro mit drei Angestellten. Ihr wichtigster Kunde springt ab. Sie sucht über die KfW-Beraterbörse einen Berater, der ihr hilft, kostengünstig und effektiv neue Kunden zu gewinnen. Dazu gibt sie den Einsatzort »Bremen« und als Unternehmensphase »Existenzfestigung« ein. Als Beratungsthema wählt sie »Marketing/Werbung« und spezifiziert dies genauer mit »Marketingkonzepte/-pläne«. Auch ihre Branche, »Dienstleistung«, genauer: »Architekturbüro«, nennt sie ebenso wie ihre Mitarbeiterzahl. Als Beratungsprodukt steht ihr in Bremen eine Teilfinanzierung durch das KfW-Gründungscoaching zur Verfügung. Die Suche erbringt vier Treffer, und Frau M. wählt den Berater mit der besten Bewertung aus.

Natürlich ist so eine spezielle Beratung nicht billig, mancher Berater verlangt einen Tagessatz von 600 bis 960 Euro. Doch wenn Sie wie Frau M. in Bremen oder auch in Sachsen, Hessen, Berlin oder Neubrandenburg ein Unternehmen gegründet haben, können Sie sich die Hilfe im Rahmen eines Gründungscoachings, das aus Mitteln der Kreditanstalt für Wiederaufbau und des Europäischen Sozialfonds finanziert wird, mit Zuschüssen zu den Beratungskosten fördern lassen. In Ostdeutschland werden Ihnen 65 Prozent der entstehenden Beratungskosten erstattet, in Westdeutschland 50 Prozent. Wenn Ihr Berater allerdings einen sehr hohen Tagessatz verlangt, haben Sie Pech: Jeder Beratungstag wird mit maximal 320 Euro bezuschusst. Das Angebot gilt auch nur für die ersten fünf Jahre, in denen Sie sich maximal an zehn Tagen eine bezuschusste Beratung gönnen können. Insgesamt können Sie bis zu 2.080 Euro in den neuen Ländern und bis zu 1.600 Euro in den alten

Ländern an Zuschüssen erhalten. Eine andere Möglichkeit ist das Förderprogramm des Bundes: Für eine Existenzaufbauberatung nach der Gründung können Sie innerhalb von drei Jahren nach der Gründung Zuschüsse in Höhe von 50 Prozent der Beratungskosten, maximal allerdings 1.500 Euro beantragen. Wenn Sie mehrere Beratungen in Anspruch nehmen, die zeitlich und thematisch voneinander getrennt und in sich abgeschlossen sind, besteht die Möglichkeit, dafür sogar bis zu 3.000 Euro an Zuschüssen zu erhalten.

 Umfassende Informationen zu Beratungs- und Fördermöglichkeiten sowie viele weitere nützliche und kostenlose Tipps bieten die Websites des Bundesministeriums für Wirtschaft und Technologie unter http://www.existenzgruender.de und http://www.beratungsfoerderung.net .

Checkliste: Worauf ist bei der Auswahl des richtigen Beraters zu achten?

- Ziele definieren: Wozu brauche ich einen Berater? Zur Hilfestellung bei einem speziellen persönlichen Problem oder für besondere Fachfragen?
- Erwartungen definieren: Was genau verspreche ich mir von der Beratung? Was soll am Ende dabei herauskommen (dieses in einem Vorgespräch mit dem Berater möglichst genau definieren!)?
- Qualifikation: Welche Ausbildung und Referenzen muss der Berater haben? Welche Ausbildung und Referenzen hat der Berater, den ich zum Beispiel über die Beraterbörse gefunden habe?
- Budget: Was darf die Beratung maximal kosten? Gibt es preiswertere Alternativen, etwa die Business Angels? Ist eine Förderung durch Bund oder KfW möglich?

Leider gibt es auf dem schnell wachsenden Beratungsmarkt auch viele schwarze Schafe. Nicht alle beratenden Berufe sind gesetzlich geschützt. Schauen Sie deshalb genau hin, damit Sie Ihr Geld wirklich für eine gute Beratung ausgeben: Kriterien sind beispielsweise die Ausbildung des jeweiligen Beraters (zum Beispiel Studium), Zertifizierungen (etwa durch Berufsverbände), Kundenmeinungen oder persönliche Empfehlungen.

Kunden

Doch auch wenn ein stabiles soziales Umfeld, ein gutes Netzwerk und eingekaufte Berater dafür sorgen, Ihnen auf die Beine zu helfen: Die beste Motivation sind immer noch zufriedene Kunden. Ein einfaches Danke eines zufriedenen Kunden ist, neben einer leistungsgerechten Bezahlung, ein entscheidender Motivationsfaktor. Und der bestmögliche Fall, der eintreten kann, ist der, dass Ihr Kunde Ihnen freudestrahlend erklärt, er sei mit Ihrer Leistung vollauf zufrieden und Sie hätten seine Erwartungen sogar noch übertroffen. Und ohne Murren genau die Summe bezahlt, die Sie sich für Ihre Leistung oder Ihr Produkt gewünscht haben oder sogar noch mehr. Um diesen Wunschtraum wahr werden zu lassen, können Sie stets einen kundenorientierten Service, gute Produkte und ein für alle Beteiligten optimales Preis-Leistungs-Verhältnis anbieten. Doch leider sind Dank und Anerkennung für die erbrachte Leistung keine Selbstverständlichkeit. Viele Kunden gehen davon aus, dass ihnen die Leistung zusteht, denn sie haben ja dafür bezahlt. Und auch sonst gilt die Devise: Nicht gemeckert ist schon genug gelobt.

 Tipp Bitten Sie um ein Feedback für geleistete Arbeit, denn es ist für Sie wichtig, zu wissen, ob der Kunde zufrieden war oder ob Sie etwas verbessern können. Sicherlich besteht die Gefahr, der Kunde könnte genervt sein und sich nun erst recht beschweren – aber dann haben Sie ja immer noch den Vier-Punkte-Plan weiter unten.

Ein Feedback geben Kunden von sich aus leider häufig nur, wenn etwas nicht stimmt. Dafür kann es viele Gründe geben: Sie haben wirklich etwas falsch gemacht, der Kunde hat einfach nur einen schlechten Tag, ist ein notorischer Nörgler oder hat sich schon über jemand anderen geärgert. In Zeiten einer »Geiz-ist-geil«-Mentalität ist es auch gut möglich, dass einige Kunden einfach ihr Geld wiederhaben wollen und nach Gründen suchen (und diese in der Regel immer finden!). Daneben sind häufig Missverständnisse der Grund für eine Beschwerde, etwa weil Sie und Ihr Kunde bei Vertragsabschluss jeweils andere Vorstellungen vom verabredeten Lieferumfang hatten.

z.B. Herr L. wirbt als Steuerberater, umfassend über die neuesten Steuergesetze zu informieren. Ein neuer Kunde möchte wissen, was mit der nächsten Steuerreform genau auf ihn zukommt. Herr L. recherchiert stundenlang die geplanten Gesetzesänderungen auf diesem speziellen Gebiet, stellt aber fest, dass vieles noch gar nicht sicher feststeht und kann daher keine exakten, sondern nur ungefähre Angaben machen. Der Kunde ist empört und will den erhöhten Aufwand nicht vergüten. Seiner Meinung nach hat Herr L. das Werbeversprechen nicht eingehalten und gar keine Ahnung von seinem Metier. Herr L. ist sauer, weil er unnötig viel Arbeit in die Sache investiert und zu wenig herausbekommen hat und zusätzlich seine Kompetenz angezweifelt wurde.

Mit Kundenbeschwerden umgehen

Natürlich sind Beschwerden absolut üblich, und natürlich müssen Sie lernen, damit umzugehen. Doch Sie sind keine Maschine. Eine Beschwerde ist für Sie zunächst einmal ein Angriff auf Ihre Kompetenz und Ihre Leistung. Es ist nur natürlich, dass Sie zunächst verletzt sind. Versuchen Sie jedoch, dem Beschwerdeführer Ihre Gefühle nicht zu zeigen – vielleicht möchte Sie diesem Kunden auch in Zukunft etwas verkaufen. Aber wenn Sie alleine sind, können Sie den folgenden Vier-Punkte-Plan anwenden, um Ihrem Ärger beizukommen. Sie werden sehen: Alles wird nur halb so heiß gegessen, wie es gekocht wird.

1. *Lassen Sie zunächst Ihren Ärger zu*: Sie haben gute Arbeit geleistet und ein Recht auf Lob und Anerkennung. Dabei geht es schließlich nicht darum, dass Sie permanent gelobt werden wollen, sondern

darum, dass Sie berechtigte Anerkennung für geleistete Arbeit bekommen. Aus Studien weiß man, dass jeder zweite Deutsche von Glückserlebnissen berichtet, wenn er ein Lob oder eine Würdigung erfährt. Und sechs von zehn Befragten vermissen das.

2. *Wer hat die Beschwerde vorgebracht?* War der Kunde einfach nur wütend oder wollte er etwas Bestimmtes erreichen, zum Beispiel Preisminderung. Der Kunde, der Herrn L. vorwirft, er habe gar keine Ahnung von seinem Metier, kann das nicht wirklich beurteilen: Er kennt sich darin überhaupt nicht aus.

3. *Überlegen Sie, was genau der Kunde gesagt hat und was Sie eigentlich so ärgert*: Wurde Ihre Kompetenz angezweifelt, wurden Ihnen Schuldgefühle eingeredet? Versuchen Sie den sachlichen Gehalt aus der Kritik herauszufiltern. Wenn der Kunde beispielsweise Herrn L. vorwirft, er habe sein Werbeversprechen nicht gehalten, so lautet der sachliche Gehalt dieser Information: Ich als Kunde habe das anders verstanden, als Sie es dargestellt haben!

4. *Mit diesem Ergebnis lässt sich konstruktiv arbeiten*: Der Kunde hat etwas falsch verstanden. Kann ich in Zukunft die Werbebotschaft präziser formulieren, sodass mehr Kunden mich richtig verstehen?

 Hundertprozentige Kundenzufriedenheit anzustreben, wäre ineffizient. Untersuchungen zeigen, dass Unternehmen, die ihre Kunden vollständig zufriedenstellen wollen, dafür einen Aufwand betreiben müssen, der in keinem Verhältnis zum finanziellen Gewinn steht. Das rentiert sich also nicht.

 Sie brauchen keine Kunden, die immer nur nörgeln, unzufrieden sind und ihr Geld wiederhaben wollen. Die Energien, die Sie mit solchen Kunden verschwenden, investieren Sie lieber in die Suche guter Kunden. Davon haben Sie langfristig mehr, weil Sie Ihre Nerven schonen. Und je mehr Kunden Sie haben, desto eher haben Sie auch gute Kunden, die Ihre Leistung anerkennen. Aber Achtung: Auch gute Kunden beschweren sich mal – sie üben jedoch konstruktive Kritik.

Selbstmotivation einüben und praktizieren

Motivation von außen ist zwar wichtig, aber Sie können leider nicht immer erwarten, dass andere Sie aufbauen. Das müssen Sie selbst erledigen. Dabei sollten Sie zunächst einige grundlegende Regeln beachten – wenn Sie diese bei Ihrer täglichen Arbeit beherzigen, haben Sie sich schon gut selbst motiviert.

❏ Arbeiten Sie eigenverantwortlich – Sie selbst bestimmen, wann und an was Sie arbeiten, und wissen, wozu die Arbeit gut ist.
❏ Schaffen Sie sich gute Arbeitsbedingungen, zum Beispiel durch optimale Zeitplanung und Büroorganisation.
❏ Erhalten Sie sich eine positive Grundeinstellung. Genießen Sie schon minimale Fortschritte. So sorgen Sie dafür, dass Ihr Interesse an Ihrer Arbeit erhalten bleibt.
❏ Klopfen Sie sich regelmäßig auf die Schulter, betonen Sie Ihre Erfolge.
❏ Nehmen Sie Lob von anderen an.
❏ Arbeiten Sie ausgeglichen: nicht zu viel Routine und Langeweile, aber auch nicht so viel Abwechslung, dass daraus Stress entsteht.

Tipp Selbstständigkeit ist nicht immer nur aufregend, spannend und neu. Damit Sie gut arbeiten können, müssen Sie auch Routinedinge verrichten. Besonders ungeduldigen Menschen fällt das schwer. Sie können das aber üben, indem Sie mit Freude auch an kleinere und unwichtigere Aufgaben herangehen – schließlich tragen auch die zum Erfolg Ihrer Selbstständigkeit bei. Und: Immer nur kreativ zu sein, wäre auf Dauer sehr anstrengend!

Leider ist es mit diesen Regeln nicht immer getan. Gerade wenn Sie Kritik erfahren, benötigen Sie vermutlich eine verstärkte Selbstmotivation. Das ist nicht verwunderlich, denn viele Menschen haben schon als Kinder gelernt, in Ihrer Meinung anderen mehr zu vertrauen als sich selbst. Wenn sie dann Kritik erfahren, glauben sie dieser häufig uneingeschränkt, statt sich auf die eigenen Stärken zu besinnen. Oder sie verfallen in eine trotzige »Ich-kann-das-aber-doch«-Haltung, die verhindert, dass sie das Verbesserungspotenzial in der Kritik erkennen. Deshalb ist es wichtig, dass Sie sich Ihre eigenen Stärken und Schwächen klar und sachlich vor Augen führen, Erstere fördern und Letztere reduzieren. Leider ist das nicht immer so einfach, wie es klingt, denn viele Menschen traktieren sich in Belastungssituationen selbst noch zusätzlich mit Aussagen, die die Angst steigern und die Leistungsfähigkeit behindern, statt ruhig und sachlich zu überlegen, ob alles tatsächlich so schlimm ist. Denn wenn Sie die negativen Selbstaussagen durch bewältigende Selbstaussagen ersetzen, bauen Sie Ihren persönlichen Stress ab.

Eine typische Killerphrase ist: »Ich kann das nicht, heute ist nicht mein Tag und ich bin einfach zu doof!« Besser wäre es, sich in einer Stresssituation ruhig zu sagen: »Nun gut, es ist nicht optimal gelaufen, aber es geht schon viel besser als vorher!«

Natürlich weiß jeder, dass verallgemeinernde Aussagen wie »Ich bin einfach zu doof!« nicht ganz ernst gemeint sein können und man sie wahrscheinlich nur im ersten Ärger über sich selbst von sich gibt. Dennoch ist die Wirkung einer solchen Aussage fatal, denn die meisten Menschen übernehmen unbewusst Botschaften, die sie immer und immer wieder hören, als wahre Aussagen, ohne dass diese jemals auf ihren Wahrheitsgehalt überprüft werden.

z.B. Frau M. geht ihr Hauptkunde verloren. Eine rationale Überlegung wäre nun, sich auf die Stärken ihres Unternehmens zu berufen und damit neue Kunden zu gewinnen. Stattdessen denkt Frau M.: »Der Kunde ist weg, weil mein Unternehmen schlecht ist. Ich werde keine neuen Kunden finden. Ich kann dichtmachen und mir einen Job suchen.« Wenn sie das in die Tat umsetzt, verfestigt sich diese negative Aussage und verhindert, dass Frau M. überprüft, ob es nicht auch anders ginge.

Aber Sie kennen sicher auch jene Situationen, in denen Sie sich innerlich anfeuern, wenn Sie etwas erreichen wollen, indem Sie sich etwa sagen: »Los jetzt, du schaffst das.« Egal ob positiv oder negativ, beide Verhaltensweisen sind zwei Kehrseiten ein und derselben Medaille, beide sind eine Form von Autosuggestion. Die Psychologie versteht darunter die Selbstbeeinflussung des Fühlens, Denkens und Handelns. Im Zuge dessen trainiert eine Person ihr Unterbewusstsein, an etwas zu glauben. Das klingt ein wenig nach selbstherbeigeführter Gehirnwäsche, und tatsächlich stammt der Begriff Suggestion etymologisch vom lateinischen »subgerere« beziehungsweise »suggerer«, was so viel wie unterschieben bedeutet. Sicherlich ist diese Technik nicht universell einsetzbar. Doch wie Sie an den dargestellten Beispielen gesehen haben, wenden viele Menschen diese Technik bereits unbewusst an. Was liegt da näher, als sich dieser Methode systematisch zu bedienen, um sich selbst zu motivieren?

 Autosuggestion ist kein Allheilmittel. Sie hilft Ihnen bei einzelnen Problemen oder Unsicherheiten weiter, sich nicht unnötig zu demotivieren. Wenn wirklich etwas grundlegend schiefläuft, etwa wenn Kunden sich ständig beschweren oder dauerhaft wegbleiben, sollten Sie konstruktiv überdenken, was Sie anders machen können – zum Beispiel mit einer Stärken- und Schwächen-Analyse (siehe unten).

Anleitung zur Autosuggestion

Denken Sie in Ruhe darüber nach, wo in Ihrem Arbeitsalltag Situationen auftreten, in denen Sie eine besondere Motivation benötigen, beispielsweise wenn Sie neue Kunden akquirieren wollen. Überlegen Sie dann, was genau an dieser Situation eine Motivation notwendig macht und mit welchen verstärkenden Sätzen (Affirmationen) sie sich aufbauen könnten.

Finden Sie zunächst zur Affirmation eine Grundformel, die Ihr Ziel positiv und in der Gegenwart beschreibt, so als hätten Sie das Ziel schon erreicht. Bei diesem Beispiel könnte die Grundformel lauten:

z.B. Sie wollen auf einer Messe potenzielle Kunden überzeugen. Ihr Konzept ist gut und Ihr Werbematerial ansprechend. Da Sie noch neu am Markt sind, sind Sie auf die Kunden unbedingt angewiesen. Einerseits wollen Sie möglichst selbstsicher auftreten, um eine gute Verhandlungsbasis zu haben. Gleichzeitig haben Sie Angst, dass man Ihnen Ihre Unerfahrenheit anmerkt und dass potenzielle Kunden an Ihrem Angebot nicht interessiert sein könnten.

»Für die Kunden sind meine Leistung und mein Angebot sehr interessant, daher trete ich meinen Kunden gegenüber souverän und selbstsicher auf.« Verzichten Sie dabei auf einschränkende Konjunktionen wie »Wenn ich souverän und selbstsicher auftrete …« oder »Zwar bin ich noch neu am Markt, aber …« sowie auf die Verwendung des Konjunktivs »ich sollte / könnte / würde«. Beschreiben Sie nie, was Sie nicht wollen, sondern immer, was genau Sie stattdessen wollen, denn das Unterbewusstsein versteht keine Verneinungen. Wenn Sie sich selbst gegenüber meinen: »Ich habe ein gutes Angebot, daher ist es für meine Kunden nicht entscheidend, dass ich wenig Erfahrung habe«, dann versteht Ihr Unterbewusstsein: »Daher ist es für meine Kunden entscheidend, dass ich wenig Erfahrung habe.« Also sagen Sie sich besser: »Ich habe ein gutes Angebot, das meine Kunden zu schätzen wissen.« Damit ist die Botschaft an Ihr Unterbewusstsein klar auf Ihr Ziel gerichtet: Sie wollen die Kunden von Ihrem Angebot überzeugen. Es geht vor allem darum, Sätze zu finden, die Sie motivieren. Sie sollten positive Emotionen, geradezu ein Kribbeln im Bauch spüren, wenn Sie Ihre Affirmationen lesen oder sie sich selbst vorsagen – wie aus Vorfreude, Ihre Ziele zu erreichen. Um die emotionale Wirkung noch zu verstärken, können Sie auch Ihren eigenen Namen hinzufügen: »Ich, Frauke Peters, biete meinen Kunden gegenüber eine hervorragende Leistung.« Verstärken Sie Ihre Sätze zusätzlich durch Elemente, die Ihre Emotionen noch stärker anregen. Das kann so aussehen: »Ich fühle mich wunderbar, weil meine Kunden mein Angebot interessant finden und annehmen« oder: »Durch mein selbstsicheres Auftreten beeindrucke ich meine Kunden, und sie sind mit meiner Leistung sehr zufrieden.« Suchen Sie gezielt nach Formulierungen und Wörtern, die positive Gefühle bei Ihnen auslösen, und bauen Sie diese in Ihre Affirmationen ein.

 Formulierungen, die die Motivation verstärken, sind je nach Typ unterschiedlich. Einige Menschen brauchen sehr starke Affirmationen wie »super/toll/wunderbar«, anderen erscheinen diese Wörter als stark übertrieben, und sie bevorzugen ein einfaches »gut« oder »schön«. Finden Sie Ihre eigenen Formulierungen.

Stärken- und Schwächen-Analyse

Autosuggestion ist eine gute Methode, um unnötige Demotivation abzuwenden. Sie hilft Ihnen, bei Problemen die erste Frustration zu verarbeiten und wieder positiv zu denken. Doch natürlich besitzen Sie, wie alle Menschen, neben Vorzügen, die Sie sich durch Autosuggestion in Erinnerung rufen, auch Schwächen. Vielleicht möchten Sie diese am liebsten verdrängen. Das ist jedoch der der falsche Weg, denn die Schwächen gehören schließlich zu Ihnen. Entscheidend für den Erfolg Ihres Unternehmens ist, ob Sie in Krisensituationen Ihre Stärken optimal einsetzen und mit Ihren Schwächen richtig umgehen können.

z.B. Frau M. geht ein Hauptkunde verloren. Frau M.s Stärken liegen im kommunikativen Bereich. Sie könnte darauf vertrauen, dass sie mit ihren vielen Kontakten bald neue Kunden gewinnen wird. Leider ist Frau M. aber auch ungeduldig und neigt zu Nervosität, wenn etwas mal nicht sofort glattläuft. Diese Eigenschaften verhindern, dass sie an ihre Stärken glaubt, und lassen sie ein Scheitern ihrer Firma befürchten.

Sie sehen also, wie wichtig es ist, sich in Ruhe die eigenen Stärken und Schwächen klarzumachen. Führen Sie sich diese in schwierigen Situationen vor Augen. So wissen Sie, welche Eigenschaften Ihnen helfen, Ihr Problem zu lösen, aber auch, worauf Sie achten sollten. Wenn Frau M. sich beispielsweise, auch wenn es kompliziert wird, bewusst macht, dass sie zu Ungeduld und Nervosität neigt, kann sie zu entsprechenden Gegenmaßnahmen wie Entspannungsübungen und Ablenkungen greifen und einen klaren Kopf bewahren. Ein realistisches Selbstbild verhilft auf diese Weise also zu einem gesunden Selbstbewusstsein.

 Jede Schwäche kann auch eine Stärke sein (natürlich auch umgekehrt!). Sie müssen Ihre Schwächen also nicht gnadenlos ausmerzen – es reicht, wenn Sie sie mehr oder weniger verringern, um die Auswirkungen zu verbessern. Häufig können Ihnen auch Eigenschaften, die Sie zuvor als Schwäche angesehen haben, nützlich sein.

Um das zu erreichen, sollten Sie eine konstruktive und umfassende Analyse Ihrer eigenen Stärken und Schwächen durchführen, auf die Sie sich jederzeit besinnen können. Unterteilen Sie Ihre Fähigkeiten zunächst in vier Bereiche: Zunächst *Fachkompetenzen*. Hierzu zählt Ihr fachliches Wissen in Ihrem Berufszweig, das Sie beispielsweise durch Ihre Ausbildung oder Ihre Berufserfahrung erworben haben. Hier steht auch, ob Sie ein Spezialist im IT-Bereich sind oder ein begnadeter Koch. Die fachlichen Kompetenzen sind Ihr Spezialgebiet, sie machen den Kern Ihrer Firma aus. Dazu treten Ihre ganz persönlichen *Individualkompetenzen:* etwa Ausdauer und Standfestigkeit, Flexibilität, Zielstrebigkeit, Kreativität, Reflexions- und Lernfähigkeit, Frustrationstoleranz oder Selbstbewusstsein. Ein weiterer Aspekt sind Ihre *Sozialkompetenzen* wie etwa Einfühlungsvermögen, Kontakt- und Kommunikationsfähigkeit, Kooperationsfähigkeit und Durchsetzungsvermögen, Führungs- und Verantwortungsbewusstsein sowie interkulturelle Kompetenzen. Schließlich sind auch Ihre *konzeptionellen Kompetenzen* wichtig: ihre Fähigkeiten, zu analysieren und zu organisieren, visionär zu denken, aber auch die momentane Situation richtig einzuschätzen.

Legen Sie je eine Tabelle für Ihre Stärken und je eine für Ihre Schwächen an. Stehen Sie auch zu Ihren Schwächen. Kein Mensch erwartet von Ihnen, dass Sie perfekt sind. Wenn Sie Ihre kleinen Schwächen wenigstens vor sich selbst zugeben, bekommen Sie ein viel objektiveres Eigenbild und wissen dann, welche Projekte Sie Ihren Stärken entsprechend übernehmen können und welche Ihnen eher nicht liegen. Damit vermeiden Sie spätere Schwierigkeiten. Halten Sie Ihre Stärken und Schwächen, wie in der Beispielanalyse unten gezeigt, schriftlich fest. Listen Sie dabei jedoch Ihre Eigenschaften nicht einfach nur auf. Wichtig ist auch, dass Sie festhalten, wie Sie mit der Eigenschaft umgehen und wie Sie sie einsetzen wollen. Dabei sollten Sie Ihre Schwächen nicht lediglich kritisieren, sondern positiv formulieren, wie sie damit umgehen wollen. Überlegen Sie ergebnisorientiert, ob Sie dennoch einen Nutzen aus der Schwäche ziehen können, etwa indem Sie daran arbeiten oder sich für die Erledigung bestimmter Aufgaben Hilfe holen.

Analyse meiner Stärken:		
Meine Stärken	**Wie kann ich sie noch verbessern?**	**Wie kann ich sie nutzen?**
Fachkompetenz		
❑ Ausbildung ❑ Berufserfahrung ❑ …	❑ Weiterbildung ❑ Kontakte zur Branche ❑ Tagungen und Konferenzen ❑ …	❑ Dem Kunden meine fachliche Kompetenz vermitteln und dadurch überzeugen ❑ …
Individualkompetenz		
❑ Kreativität ❑ …	❑ Ich kann meine Ideen noch besser strukturieren. ❑ …	❑ Kundengewinnung ❑ Networking ❑ ….

Sozialkompetenz		
❏ Kontakt- und Kommunikationsfähigkeit ❏ …	❏ Ich kann meine Kontakte noch besser organisieren. ❏ …	❏ Kundengewinnung ❏ Networking ❏ …
Konzeptionelle Kompetenz		
❏ Visionsfähigkeit ❏ …	❏ Ich kann meine Ideen besser strukturieren und sie auch umsetzen. ❏ …	❏ Ausbau des Unternehmens – Ich plane langfristig. ❏ …

Analyse meiner Schwächen:		
Meine Schwächen	**Wie kann ich sie verringern?**	**Wie kann ich dennoch Nutzen daraus ziehen?**
Fachkompetenz		
❏ Erfahrung nur in einem Unternehmen ❏ …	❏ Weiterbildung ❏ Kontakte zur weiteren Unternehmen ❏ …	❏ Ich kann dem Kunden meine fachliche Kompetenz speziell in diesem Bereich vermitteln. ❏ …
Individualkompetenz		
❏ Ich werde bei Stress schnell nervös und ungeduldig. ❏ …	❏ Ich sorge für mehr Ruhe, Pausen und Entspannung auch während der Arbeitszeit. ❏ …	❏ Ich erledige meine Arbeit immer sehr schnell – wenn ich etwas mehr auf Sorgfalt achte, ist das ein echter Vorteil. ❏ Ich suche mir Partner, die auch bei Stress die Ruhe bewahren.

Sozialkompetenz		
❏ Mangelnde Koope- rationsbereitschaft ❏ …	❏ Ich suche mir Men- schen, mit denen ich gut klarkom- me. ❏ …	❏ Ich kann mich sehr gut gegenüber an- deren durchsetzen. Wenn ich lerne, mich mehr einzu- fühlen, erreiche ich noch mehr. ❏ …
Konzeptionelle Kompetenz		
❏ Mangelnde Orga- nisationsfähigkeit ❏ …	❏ Wenn ich mich bes- ser organisiere, kann ich meine Ziele optimaler umsetzen. ❏ …	❏ Ich kann in schwie- rigen Situationen spontan und flexi- bel entscheiden. Wenn ich noch et- was besser organi- siere, wird das ein echter Vorteil. ❏ Ich suche mir Mit- arbeiter, die mich bei der Organisati- on unterstützen. ❏ …

Geld – ein starker Motivationsfaktor

Machen wir uns nichts vor: Der wichtigste Motivationsfaktor, um zu arbeiten, auch als Selbstständiger, ist nun einmal das Geld. Das ist durchaus auch gut so, denn stellen Sie sich einmal vor, Sie wären nicht gezwungen, zu verdienen: Was würden Sie tun, wenn Ihr Tagesablauf nicht durch die Arbeit vorstrukturiert wäre? Die Frage, die man sich stellen sollte, ist vielmehr, wie Sie an Ihr Geld kommen. Als Selbstständiger haben Sie da einen unbestreitbaren Vorteil: Sie haben es in der Hand, Ihr Geld so angenehm wir möglich zu verdienen. Und das sollte auch Ihr Ziel sein – zumindest langfristig!

 Geld ist zwar ein wichtiger Motivationsfaktor, doch wenn Sie nur aus Existenzangst heraus arbeiten, haben Sie bald den Eindruck, Sie müssten alle Aufträge bedingungslos annehmen. Dadurch verlieren Sie Ihre Selbstbestimmung.

Leider verführt Geld als Motivator dazu, alle anderen Ziele dem Geld unterzuordnen – gerade in der Gründungsphase, denn am Anfang steht die Existenzgründung ja noch auf wackligen Beinen. Es kann drei bis fünf Jahre dauern, bis es richtig läuft. Daher ist es wahrscheinlich, dass Sie in dieser Zeit viel Arbeit investieren und nur allmählich Ergebnisse sehen. Dadurch leidet möglicherweise Ihr Privatleben, oder Sie haben weniger Zeit für die schönen Dinge des Lebens, außerdem sind Sie besorgt, ob das alles wie gewünscht klappt. Das ist vielleicht nicht angenehm, gehört aber durchaus dazu, wenn Sie langfristig anstreben, als Selbstständiger erfolgreich zu sein. Haben Sie etwas Geduld: Wenn die Anfangsphase vorbei ist, sollten Verdienst und Aufwand in einem angemessenen Verhältnis stehen.
Natürlich kann einiges schiefgehen, auch weil Sie viele äußere Faktoren leider nicht beeinflussen können. Sie wissen nicht, wie der Markt sich entwickelt, wie sich die Steuergesetze ändern oder ob Ihre Konkurrenten nicht auf bessere Ideen kommen. Zum Erfolg gehört wie gesagt auch etwas Glück, und das ist leider nicht planbar. Aber dennoch haben Sie einige Dinge selbst in der Hand: Wenn Sie Ihre Arbeitsorganisation

Visualisieren Sie Ihre finanziellen Ziele: Schreiben Sie die Summe, die Sie im Jahr verdienen wollen, groß auf ein weißes Stück Papier. Ziehen Sie dahinter waagerechte und senkrechte Linien, sodass Kästchen entstehen – und zwar ein Kästchen für jede 1.000 Euro Ihrer Zielsumme. Wenn Sie sich 20.000 Euro vorgenommen haben, brauchen Sie 20 Kästchen. Jedes Mal, wenn Sie 1.000 Euro eingenommen haben, malen Sie ein Kästchen bunt mit fröhlichen Farben aus. Das macht Spaß und motiviert Sie unbewusst, die Zielvorgabe auch zu erreichen, weil Sie zusehen, wie der Teppich wächst.

verbessern, können Sie effizienter und gewinnbringender arbeiten und mehr Aufträge annehmen. Und die Grundlage Ihrer Motivation durch Geld sollte Ihre Kalkulation sein: Rechnen Sie einmal aus, welche Ausgaben Sie haben und wie viel Sie mit Ihrer Selbstständigkeit unbedingt verdienen müssen, um davon so leben zu können, wie Sie wollen. Anhand dieses Ergebnisses kalkulieren Sie dann die Preise für Ihre Leistung. Wenn Sie sich vor Augen führen, dass Sie gar nicht weniger verdienen dürfen als eine bestimmte Summe, werden Sie sich von Ihren Preisvorstellungen auch in schwierigen Verhandlungen nicht abbringen lassen. Hier wirkt Geld als echter Motivationsfaktor, die eigenen Wünsche auch gegenüber anderen durchzusetzen.

Seien Sie realistisch: Kalkulieren Sie keine Fantasiesumme, die Sie mit Ihren Kenntnissen nicht erzielen können. Lassen Sie sich nicht von den Ausführungen anderer frustrieren: Wenn jemand erzählt, er verdient 100.000 Euro im Jahr – soll er doch (vielleicht hat er in Wirklichkeit weniger als Sie!). In einigen Branchen verdient man besser als in anderen, und jeder hat eigene Vorstellungen, wie viel Geld er braucht. Doch seien Sie ehrlich mit sich selbst: Es hat keinen Sinn, wenn Sie Ihre Kalkulation nach unten korrigieren, weil Sie die gewünschte Summe nicht erreichen können. Es muss so viel sein, dass Ihre Lebenshaltungskosten gedeckt sind. Wenn nicht, läuft etwas schief.

Mit demotivierenden Informationen richtig umgehen

Natürlich benötigen Sie für Ihre Arbeit stets aktuelle Informationen. Als Unternehmer müssen Sie beispielsweise den Markt oder die neuesten Änderungen der Steuergesetze kennen, damit Sie wissen, worauf Sie sich einstellen müssen. Aber manche Informationen, die Sie aus den Medien, aber auch von Kollegen, Bekannten oder Freunden erhalten, sind bisweilen demotivierend – etwa wenn andere Unternehmer klagen, wie schlecht die wirtschaftliche Lage sei, weil sie zu wenig Aufträge hereinbekommen. Doch nicht immer treffen solche Informationen auch auf Sie zu oder nutzen Ihnen. Doch wenn Sie demotivierende Informationen von vornherein als solche entlarven, können Sie Sinn und Zweck dahinter viel besser erkennen.

 Leider merkt sich das menschliche Gehirn negative Dinge besser als positive. Das lässt eine Situation schnell negativer aussehen, als sie in Wirklichkeit ist.

Sehr demotivierend wirkt sicherlich die aktuelle wirtschaftliche und politische Situation in Deutschland. Firmenpleiten, Arbeitslosenzahlen – und Politiker, die Lösungsvorschläge diskutieren, ausprobieren, wieder verwerfen und schließlich Gesetze beschließen, die sich negativ auf die eigene Existenz auswirken. Dieses ständige Hin und Her lässt gerade bei frischgebackenen Unternehmern Existenzängste aufkommen. Zudem werden gerade Kleinunternehmer von der Politik häufig benachteiligt – so sind etwa die gesetzlich festgelegten Mindestbeiträge für die staatliche Kranken- und Rentenversicherung relativ hoch. Daher ist es wichtig, über politische Veränderungen stets auf dem Laufenden zu sein.

Doch die Medienberichterstattung ist bekanntermaßen nicht immer ganz sachlich. Informationen werden gerne emotional gefärbt, weil sie sich dann besser verkaufen lassen. Negative Nachrichten werden beispielsweise gerne mit menschlichen Schicksalen verknüpft, etwa

Sich über die Politik dauernd aufzuregen, ohne etwas zu tun, bringt nichts! Wenn Sie richtig unzufrieden sind, sollten Sie sich mit anderen Selbstständigen organisieren und politisch aktiv werden – etwa in einem Berufsverband. Dann tun Sie nicht nur etwas, sondern haben durch neue Kontakte auch noch wirtschaftliche Vorteile.

die Schließung eines Unternehmens mit der Arbeitslosigkeit der Angestellten. Leider wirkt das nicht gerade motivierend, denn was bei Ihnen als Eindruck hängen bleibt ist: »Ein Unternehmen zu schließen, ist negativ!« Dabei kann es für Sie als Unternehmer durchaus ein Vorteil sein, ein Unternehmen zu schließen und ein neues zu gründen. Das wiederum wird dann in den Nachrichten eher selten gemeldet. Darüber hinaus ist nicht alles, was Sie hören, sehen und lesen, auch eine Tatsache: Jedes Medium möchte gerne brandaktuell sein; da wird dann beispielsweise schon mal über die Vorschläge einzelner Politiker oder Gesetzesvorlagen berichtet, als wären es festgeschriebene Gesetze. Nur Sie als Betroffener regen sich jedes Mal unnötig auf, um dann festzustellen, dass die Gesetzesvorlage doch wieder in der Schublade verschwunden ist. Das zeigt, dass Sie Informationen, die Sie erhalten, immer kritisch auf Ihren sachlichen Gehalt und den Nutzen überprüfen sollten – beispielsweise mit den sechs W-Fragen. Damit nehmen Sie auch demotivierenden Äußerungen ihren Schrecken. Informationen, die Ihnen nicht weiterhelfen, brauchen Sie nicht zu beachten. Das gilt übrigens nicht nur für die Medienberichterstattung, sondern auch, wenn Freunde, Bekannte oder die Familie etwas erzählen.

 Erinnern Sie sich noch an das Spiel Flüsterpost aus Kindertagen? Bei einer Information funktioniert es oft ähnlich: Sie wird losgeschickt und jeder, der sie weitergibt, packt seine persönlichen Interpretationen, Meinungen und Ängste dazu – nicht nur in den Medien, sondern auch in Ihrem Umfeld.

Manche Menschen wollen Sie mit ihren Informationen absichtlich demotivieren, zum Beispiel weil Sie neidisch sind. Der Unternehmer, der über die schlechte Marktsituation klagt, will Sie vielleicht abschrecken. Das passiert auch unbewusst. Machen Sie sich das Verhaltensmuster klar und bewerten Sie solche Aussagen entsprechend.

Sechs W-Fragen: So hinterfragen Sie demotivierende Informationen

❏ Wer hat das gesagt oder geschrieben? Ist die Information eine Tatsache oder eine persönliche Meinung dieser Person?
❏ Welcher Grund steckt dahinter? Hat der Informationsgeber einen persönlichen Vorteil davon, dass er die Information auf diese Weise weitergibt?
❏ Worin besteht der sachliche Kern, der hinter dieser Aussage steckt?
❏ Wie beeinflusst mich diese Aussage? Betrifft sie mich überhaupt? Hat die Information einen Nutzen für mich?
❏ Was denke ich selbst über diese Sache – unabhängig von der Meinung anderer?
❏ Wo finde ich notfalls weitere Informationen, um mir eine eigene Meinung zu bilden?

 Sehr demotivierend sind Verallgemeinerungen. Ein Beispiel: »46 Prozent aller Ich-AGs sind nicht mehr am Markt!« Aus dieser sachlichen Information wird verallgemeinernd: »Ich-AGs haben kaum Chancen am Markt!« Überprüfen Sie solche Aussagen auf ihren sachlichen Gehalt.

Motivation durch Kreativität

Im Laufe Ihrer Selbstständigkeit werden Sie immer wieder mit Problemen konfrontiert, die neue, innovative und individuelle Lösungen erfordern. Hier sind Ihre Ideen als Unternehmer gefragt. Denn Kreativität ist nicht nur in sogenannten Kreativberufen wichtig, sondern betrifft alle Bereiche Ihrer täglichen Arbeit. Gute Ideen, die Probleme lösen, Ihr Produkt oder Ihre Dienstleistung optimieren und Sie selbst weiterbringen, sind wichtige Voraussetzungen für Ihren Erfolg. Und so ein Erfolgserlebnis ist wiederum der beste Motivator.

z.B. Herr M. sucht nach einer guten Idee, seinen Kundenservice zu verbessern. Er grübelt lange herum. Schließlich probiert er einige Kreativitätstechniken aus und bekommt so viele neue Ideen.

Was aber, wenn Ihnen spontan keine Lösung für ein Problem einfällt, wenn Sie einfach keine neue Idee haben? Dann können Sie Ihrer Kreativität systematisch auf die Sprünge helfen, indem Sie einfach mal einen neuen Blickwinkel ausprobieren oder andere Techniken zur Steigerung Ihrer Kreativität anwenden.

Machen Sie mal etwas anders

Manchmal reicht es schon, wenn Sie einfach nur anders auf eine Sache blicken, um zu einer neuen Idee zu kommen. So können Sie zum Beispiel die Fragestellung ändern: Was ist Ihre bisherige Ausgangsfrage? Welcher Aspekt des Themas stand bisher im Vordergrund? Finden Sie eine andere Ausgangsfrage, stellen Sie einen ganz neuen Aspekt des Themas nach vorne. Sie können die Frage sogar umkehren. Nun fällt Ihnen vielleicht vieles ein, was Sie so nicht machen sollten – und dadurch kommen Ihnen zahlreiche Ideen, wie Sie es machen sollten.
Herr M. könnte aber nicht nur die Fragestellung, sondern die gesamte Perspektive ändern. Wenn auch Sie das durchführen wollen, müssen Sie sich selbst ganz aus der Fragestellung herausnehmen und gedanklich eine andere Person an Ihre Stelle setzen: Wie würde diese denken, entscheiden und handeln? Diese Methode ist vor allem dann sinnvoll, wenn Sie sehr stark emotional in eine Sache involviert sind, etwa weil Sie sich über eine Kundenbeschwerde geärgert haben. Auf diese Weise gewinnen Sie Abstand.

z.B. Herr M. stellte bisher den Aspekt »Verbesserung des Kundenservice« in den Vordergrund. Statt nun weiter angestrengt darüber nachzugrübeln, fragt er einfach: »Wie kann ich den Kundenservice verschlechtern?« Und plötzlich fallen ihm Dinge wie mangelnde Erreichbarkeit, Unfreundlichkeit und vieles mehr ein. Am Ende kehrt er das wieder um und weiß, wie er seinen Kundenservice optimieren kann.

z.B. Bislang ist Herr M. davon ausgegangen, wie er den Service verbessern kann. Dabei war er jedoch die ganze Zeit über einige Kundenbeschwerden der letzten Zeit wütend. Nun fragt er sich: »Was würde der Kunde besser machen?« und gewinnt mit dieser Frage emotionale Distanz. Es gelingt ihm tatsächlich, seinen Ärger hintenan zu stellen, und er kommt auf einige gute Ideen.

Herrn M. wird klar, dass er sich über einen Kunden ganz besonders geärgert hat. Wenn es in einer Sache um bestimmte Personen beziehungsweise den Konflikt zwischen bestimmten Personen geht, können Sie zu einer weiteren Technik greifen, um den Streit zu entschärfen: Ersetzen Sie die handelnden Personen durch groteske Gestalten. Spielen Sie verschiedene Rollenverhältnisse gedanklich durch. Das ist nicht nur sehr amüsant, sondern bringt Sie durch den Humor auch zu völlig neuen Problemlösungsmustern.

z.B. Herr M. macht sich gedanklich selbst zum bösen Zauberer, der Kunde wird zum Kind. Durch dieses Rollenspiel wird Herrn M. klar, wie er mit einigen wenigen, aber guten Ideen das Kundenverhältnis zukünftig deutlich verbessern kann.

Weitere Kreativitätstechniken im Überblick

Es gibt noch zahlreiche weitere Kreativitätstechniken, die unten übersichtlich dargestellt werden. Nicht jede ist für jeden geeignet. Probieren Sie in Ruhe aus, welche Ihnen am ehesten liegt. Welches Gedankenspiel bringt Sie auf neue Ideen? Und welches hilft Ihnen überhaupt nicht weiter? Es ist völlig in Ordnung, wenn Sie das eine oder andere komplett ablehnen. Für welche Technik Sie sich am Ende entscheiden, ist Geschmackssache.

z.B. Mit einem Mind-Map bekommt Herr M. zwar sehr viele Ideen, die ihm aber noch nicht strukturiert genug erscheinen. Nun wendet er das 6-Hut-Denken an: Als grüner Hut kommt ihm eine spontane, sehr gute Idee. Als weißer Hut beschließt er, diese per Umfrage unter seinen Kunden zu testen, als schwarzer Hut stellt er schließlich fest, dass mehr Kundenservice auch mehr Kosten und Aufwand bedeuten würde.

Kreativitätstechnik	So gehen Sie vor:
Mind-Map Ziel: Sie bekommen einen strukturierten Überblick über Ihre Gedanken.	Schreiben Sie in die Mitte eines großen Blattes Papier in Großbuchstaben das Thema; kreisen Sie es ein. Bilden Sie mehrfarbige Äste – jeder Ast ein neues Stichwort, das Ihnen einfällt. Von jedem Stichwort bilden Sie weitere Äste (Assoziationen).
Brainstorming Ziel: Ideen, Gefühle und Assoziationen aufschreiben und über die gewohnten Lösungsmöglichkeiten hinaus denken. Es geht nicht darum, Ideen umzusetzen.	Zeitrahmen: 15–30 Minuten. Benennen Sie Ihr Problem. Notieren Sie auf ein großes Blatt Papier, was Ihnen zu dem Thema einfällt, ohne zu bewerten oder zu kritisieren. Haben Sie einen Begriff gefunden, schreiben Sie den nächsten auf usw., bis Sie ca. 20 bis 50 Wörter haben. Lassen Sie etwas Zeit verstreichen, bevor Sie zu jedem Wort eine Lösung entwickeln.

Brainwriting Ziel: Das Erreichen vieler Lösungsvorschläge (bei der Gruppentechnik sind es etwa 108), die systematisch und übersichtlich präsentiert und dann durchdacht bzw. diskutiert werden können.	Erstellen Sie eine Tabelle mit drei Spalten und drei Reihen, schreiben Sie Ihre Grundideen in die erste Reihe. In die nächste Reihe schreiben Sie eine mögliche Abwandlung der Grundidee, in die letzte Reihe Abwandlungsmöglichkeiten dieser Abwandlung. Bewerten Sie die Ideen erst nach der Schreibphase. Welche ist neu, originell, sinnvoll, nützlich oder realisierbar? Gruppentechnik: Für jeden Teilnehmer eine Tabelle mit drei Spalten und sechs Reihen (18 Kästchen). Jede Person schreibt dann in die erste Reihe pro Kästchen eine Idee und reicht das Blatt weiter – je nach Gruppengröße mehrfach.
Kombinationstechnik Ziel: Dynamik und neue Assoziationen, da jeder immer wieder seine Sicht auf das Problem ändert.	Verbindung der bisher genannten Methoden, vor allem in Gruppen sinnvoll: Kleben Sie große Plakate an die Wand, vor denen alle Teilnehmer herumwandern und ohne Zeitplan eine oder mehrere Mind-Maps erstellen.
Das 6-Hut-Denken Ziel: Auch komplexe Probleme von verschiedenen Seiten lösen, indem man verschiedene Standpunkte einnimmt und ausdrückt.	Setzen Sie nach Lust und Laune einen von sechs farbigen Hüten auf (als Einzelperson nacheinander, in der Gruppe abwechselnd). Jede Farbe steht für eine bestimmte Denkrichtung. Übernehmen Sie die entsprechende Meinung und schreiben Sie sie auf. Die Farbsymbolik ist: ❏ Weiß: Objektivität, Neutralität. Informationen werden ohne Wertung gesammelt. Es zählen nur Fakten und Zahlen, keine Emotionen, Urteile und persönliche Meinungen.

	❏ Rot: persönliches Empfinden, subjektive Meinung. Alle positiven und negativen Gefühle werden zugelassen; keine Rechtfertigung! ❏ Schwarz: sachliche Argumente, die Zweifel, Bedenken, Risiken ausdrücken, keine Gefühle! ❏ Gelb: objektive, positive Eigenschaften, d.h. Chancen, Pluspunkte, Hoffnungen und Ziele. ❏ Grün: neue Ideen, Alternativen, Provokation und Widerspruch, egal wie verrückt oder undurchführbar die Ideen sind. Keine Kritik! ❏ Blau: Kontrolle und Organisation, man behält den Überblick, bringt Ergebnisse zusammen.
Visualisierung Ziel: Sich das, was man will, so bildhaft wie möglich vorzustellen und Probleme mental zu lösen.	Machen Sie sich vom gewünschten Ergebnis in Gedanken ein positives Bild, konkret und mit vielen Details. Tagträumen Sie. Erdenken Sie »Kopffilme«; Sie können sie anhalten, von vorne laufen lassen und neu drehen.
Bisoziation Ziel: Konkrete Fragestellungen mit Bildern verknüpfen, um sich diese dann leichter »bildhaft« vorstellen zu können.	Formulieren Sie eine Fragestellung. Wählen Sie willkürlich ein Bild, Foto, Zeitungsausschnitt usw. Betrachten Sie es genau, lassen Sie sich inspirieren, verbinden Sie Bild und Problem. Notieren Sie alle Gedanken, die auftauchen, und bewerten Sie dann die Ideen
Reizworttechnik Ziel: Dinge miteinander verbinden, die eigentlich nichts miteinander zu tun haben und damit eine Lösung finden.	Benennen Sie Ihr Problem. Schlagen Sie das Lexikon auf einer beliebigen Seite auf und wählen Sie spontan einen Begriff. Schreiben Sie alle Eigenschaften auf, die Sie mit diesem Reizwort verbinden. Ordnen Sie diese Ihrem Problem zu.

Morphologische Matrix Ziel: Das Problem wird in kleinere Einheiten aufgespalten; für jedes Teilproblem wird eine Teillösung entwickelt, sie alle werden zu einer Gesamtlösung kombiniert.	Benennen Sie das Problem und unterteilen Sie es in Unterprobleme. Für jedes Unterproblem brauchen Sie ein Blatt Papier. Überlegen Sie, mit welchen Kategorien Sie das Problem beschreiben können. Bsp. Computer: Farbe, Form, Gewicht, Geschwindigkeit usw. Schreiben Sie diese auf die linke Blattseite. Auf der rechten Seite tragen Sie nun die entsprechenden Merkmale ein, zum Beispiel Farbe – grau; Gewicht – 3 kg und vieles mehr.
Osborn-Methode Ziel: Das Problem durch gezieltes Fragen zu analysieren.	Benennen Sie Ihr Problem und analysieren Sie es schriftlich unter folgenden Gesichtspunkten: ❏ Wofür kann ich es noch verwenden? ❏ Weist das Problem auf andere Ideen hin? ❏ Welche Eigenschaften lassen sich umgestalten? Welche Bedingungen können geändert werden? ❏ Kann ich etwas vergrößern, hinzufügen o.Ä.? ❏ Kann ich etwas verkleinern, wegnehmen o.Ä.? ❏ Kann ich die Reihenfolge oder Struktur ändern? ❏ Kann die Idee ins Gegenteil gekehrt werden? ❏ Kann ich Ideen oder Personen verbinden?

3.

Planung – Analysieren und organisieren Sie Ihre Arbeit und Ihre Zeit

Vielleicht gehören Sie auch zu den flexiblen Leuten, die gerne alles spontan aus dem Ärmel schütteln. Dann finden Sie es möglicherweise überflüssig zu planen, denn: »Es kommt ja eh immer alles anders, als man denkt!« Sie wollen sich lieber spontan auf neue Gegebenheiten einstellen, statt sich an einen festen Plan zu halten, den Sie ohnehin ständig umschmeißen müssten. Und außerdem haben Sie jeden Tag so viel zu tun, dass Ihnen Planung wie die reinste Zeitverschwendung vorkommt. Wenn sie trotzdem den Überblick behalten und allen Anforderungen gerecht werden, dann kann man Ihnen nur gratulieren. Generell aber gilt: Je höher die Anforderungen werden, desto eher müssen Sie auf eine gute Organisation als wichtiges Hilfsmittel zurückgreifen. Und desto besser sollte Ihre Planung sein, damit Sie sich im Bedarfsfall auch darauf verlassen können.

z.B. Vielleicht können Sie sich die Termine für Ihre Kundengespräche im Kopf merken. Wenn Sie aber immer mehr Kundengespräche abmachen und immer langfristiger planen müssen, wird das bald nicht mehr gehen: Dann brauchen Sie eine gut strukturierte und auf Ihre Bedürfnisse zugeschnittene Terminplanung.

Vielleicht haben Sie aber auch schon versucht, Ihre Arbeitsabläufe genau zu planen und sind daran kläglich gescheitert, weil Sie die Planung aus der Theorie einfach nicht in die Praxis umsetzen konnten. (Warum das so gewesen sein könnte, erfahren Sie in einem späteren Kapitel.) Nun wollen Sie von Planung nichts mehr wissen, und Sätze wie: »Das funktioniert vielleicht bei anderen, aber bei mir nicht!« oder »Dafür bin ich einfach nicht konsequent genug« schießen Ihnen durch den Kopf. Doch Sie sollten nicht aufgeben, sondern es wieder versuchen – Rom ist schließlich auch nicht an einem Tag erbaut worden. Eine optimale Arbeitsorganisation ist eine wichtige Grundvoraussetzung für den beruflichen Erfolg. Wenn Sie sich darauf verlassen, dass Ihnen im Ernstfall schon spontan das Richtige einfallen wird, kann das schiefgehen. Außerdem reagieren Sie dann meist nur passiv auf die

Ereignisse. Wenn Sie hingegen vernünftig planen und Ihre Ziele dabei im Auge behalten, können Sie diese auch aktiv umsetzen.

 Selbstmanagement bedeutet nicht, stur einen Plan zu entwerfen und diesen eins zu eins in die Praxis umzusetzen, denn manchmal müssen Sie Ihre Organisation einfach über Bord werfen und flexibel reagieren. Doch ein guter Plan hindert Sie nicht daran, auch mal spontan zu sein – wenn Schwierigkeiten auftreten, stehen Ihnen dann mehr Möglichkeiten zur Verfügung.

Welche Arbeit kommt auf Sie zu?

Sie wollten sich in erster Linie selbstständig machen, um Ihre Gedanken, Kreativität, Wünsche usw. zu verwirklichen. An viele andere, auch für Sie neue Aufgabenfelder haben Sie vermutlich gar nicht gedacht. Gelegentlich werden Sie sich überfordert fühlen. Denn neue Aufgaben laufen in der Regel noch nicht so routiniert ab, wie bereits tausendmal Gemachtes. Aber das ist genau der Sinn des Planens: Sie sollen bestimmte Arbeitsgänge und Bewegungsabläufe einüben. Außerdem sollte die Ausrüstung stimmen. Dafür ist Planung sinnvoll: um Routine bei der Arbeit zu bekommen.

Ihre eigentliche fachliche Tätigkeit

Als Berater ist es Ihr Hintergrundwissen, als Friseur die Fähigkeit, Haare zu schneiden: Die fachliche Tätigkeit macht den Kern Ihres Unternehmens aus, hierauf bauen Sie hauptsächlich. Doch Sie müssen Ihre Kompetenzen auch erhalten und verbessern, um sich damit gegen die Konkurrenz durchzusetzen. Daher ist es wichtig, dass Sie sich regelmäßig weiterbilden, im Austausch mit anderen Fachleuten Ihrer Branche stehen und sich über aktuelle Entwicklungen und zukünftige Trends informieren. Das ist Ihre Basis, und daher gehört auch Weiterbildung in jedweder Form in Ihren Zeitplan.

Umgang mit Kunden

Neben Ihrer Fachkompetenz ist vor allem Ihre Fähigkeit gefragt, andere von Ihrem Können zu überzeugen. Das geht nicht von heute auf morgen. Sie brauchen etwas Geduld, um das Vertrauen Ihrer potenziellen Kunden zu gewinnen. Daher sollten Sie regelmäßig Zeit und Geld in entsprechende Werbemaßnahmen investieren. Wie das im Einzelnen aussieht, ist von Branche von Branche verschieden: Als Inhaber eines Geschenkeshops sind liebevoll gestaltete Werbezettel für die Briefkästen sinnvoll, als Betreiber eines Internetportals sollten Sie sich mit Suchmaschinenoptimierung, E-Mails und Aktionen im Internet beschäftigen.

Bevor Sie ihre eigene Werbekampagne starten, müssen Sie jedoch herausfinden, was die effektivste Form der Werbung ist – beispielsweise durch Erfahrungen von Fachleuten, indem Sie potenzielle Kunden fragen oder einfach durch ausprobieren. Die Werbemaßnahmen müssen geplant werden, ganz egal ob Sie die Werbung selbst in die Hand nehmen oder Profis beauftragen. Sie müssen die Werbemittel vorbereiten, indem Sie beispielsweise Handzettel entwerfen oder Inhalte festlegen und das Budget bestimmen. Selbst wenn Ihre Werbung nur ein Telefonanruf ist, sollten Sie vorher schriftlich festhalten und üben, was Sie sagen wollen. Erst nach der Planung kommt die Umsetzung. Der Zeitaufwand hierfür ist sehr unterschiedlich: Wenn Sie eine Sonderaktion auf einer Messe durchführen, müssen Sie natürlich mehr Zeit einplanen, als wenn Sie eine Zeitungsanzeige schalten wollen.

Wichtig ist, dass Werbeaktionen regelmäßig ablaufen. Gerade am Anfang machen Selbstständige gerne den Fehler, die Werbung zu vernachlässigen, wenn es zunächst gut läuft. Das kann sich rächen, wenn Kunden plötzlich zur Konkurrenz wechseln. Dann steht man unter Zwang, schnell etwas unternehmen zu müssen, und das funktioniert häufig nicht. Besser ist es, Sie planen regelmäßige Aktionen ein, mit denen Sie sich bei Kunden in Erinnerung rufen und neue Interessenten gewinnen – selbst wenn Sie gerade sehr viel zu tun haben. Bieten Sie auch immer einen guten Service und nehmen Sie Kundenbeschwerden als Verbesserungsvorschläge auf, dann gelingt es Ihnen, sich einen Kundenstamm zu erhalten. Und schließlich: Im alltäglichen Umgang mit Kunden ist Ihre Menschenkenntnis gefragt. Ohne die Fähigkeit, andere Menschen, vor allem Kunden, wenigstens einigermaßen richtig einzuschätzen und ihr Verhalten vorauszuahnen (was nicht immer gelingt), werden Sie langfristig nicht erfolgreich sein. Auch hierfür gibt es entsprechende Weiterbildungen.

Technische Arbeiten

Selbst wenn Sie kein IT-Spezialist sind – mit einem Computer sollten Sie sich als Selbstständiger auskennen oder zumindest jemanden an der Hand haben, der Ihnen hilft – ob es nun die Installation von Software oder die Erstellung und Pflege von Websites ist. Je besser Sie mit dem Gerät vertraut sind, desto mehr Zeit sparen Sie langfristig, etwa weil Sie Ihre Website selbst aktualisieren können. Auch die Umsatzsteuervoranmeldung müssen Sie über das Internet machen. Planen Sie also die Einarbeitung in grundlegende Funktionen ein.

Buchhaltung, Kostenkalkulation und Finanzierung

Behalten Sie einen Überblick über Ihre Einnahmen und Ausgaben. Gerade wenn Sie Ihre Buchhaltung als Einnahmenüberschussrechnung beim Finanzamt einreichen, können Sie diese sehr leicht selbst erledigen und sollten das auch tun. Sie müssen wissen, welche laufenden Ausgaben Sie jeden Monat haben. Außerdem sollten Sie so kalkulieren, dass Ihnen ein Notgroschen für unvorhergesehene Fälle bleibt. Auf dieser Grundlage machen Sie die Preise. Aber Sie sollten ebenfalls wissen, was Ihre Arbeit wert ist, damit Sie sich nicht zu billig verkaufen. Das erfordert Recherchen nach den Preisen Ihrer Konkurrenten. Schließlich müssen Sie Ihre Preise Ihren Kunden nahebringen, beziehungsweise mit diesen verhandeln. Und falls Sie selbst das notwendige Kapital nicht aufbringen können, sollten Sie sich um eine entsprechende Finanzierung kümmern, etwa durch staatliche Förderungen oder Bankkredite.

Steuer- und Rechtsfragen

Steuer und Rechtsfragen sind häufig so kompliziert, dass Sie in speziellen Fällen nicht darum herumkommen, einen Experten zu konsultieren. Das kostet natürlich Geld. Jedoch sollten Sie sich nicht uneingeschränkt auf Experten verlassen, sondern gerade bei allgemeinen Fragen auch selbst Grundkenntnisse haben. Nutzen Sie entsprechende Informationsportale im Internet (beispielsweise http://www.beamte4u.de, http://www.existenzgründer.de), einschlägige Publikationen, Weiterbildungs- oder Beratungsangebote, zum Beispiel Ihres Berufsverbandes. Stellen Sie sich aber vor allem mit den Behörden gut und halten Sie amtliche Termine, etwa beim Finanzamt oder der Arbeitsagentur immer ein. Behörden können Ihnen im Zweifelsfall unerwartet große Schwierigkeiten machen.

Planung und Organisation

Sie müssen Ihre Zeit eigenverantwortlich so einteilen, dass Sie Ihre Zielvorgaben erreichen. Zudem müssen Sie nicht nur Ihre eigene Arbeit organisieren, sondern diese auch mit Kunden, Kooperationspartnern und Mitarbeitern koordinieren. Daher sollten Sie sich ausgiebig mit den Techniken, die Ihnen dieses Buch vermittelt, beschäftigen und sie einüben. Denn auch wenn das erst mal Zeit kostet, langfristig sparen Sie diese wieder ein.

Analysieren Sie Ihre Zeit

Sie wollen endlich tun können, was Sie wollen, selbstbestimmt und ohne Vorgaben – und nun sollen Sie sich schon wieder nach einem Zeitplan richten? Bevor Sie jetzt entrüstet das Buch weglegen, sollten Sie bedenken, dass es da einige Unterschiede gibt: Wenn Sie bisher als Arbeitnehmer gearbeitet haben, war Ihr Tagesplan zumindest grob von Ihrem Chef vorgegeben und Sie hatten wenig Möglichkeiten, die Arbeitszeiten zu hinterfragen. Jetzt können Sie als Selbstständiger allein bestimmen, wann Sie arbeiten wollen und wann nicht. Weitestgehend zumindest – denn wenn Sie einen eigenen Laden betreiben, müssen Sie sich nach dem Ladenschlussgesetz richten und öffnen, wenn Ihre Kunden bei Ihnen einkaufen wollen; wenn Sie an der Volkshochschule unterrichten, müssen Sie sich an die Unterrichtszeiten halten, und auch wenn Sie freiberuflich von zu Hause aus arbeiten, sollten Sie zumindest gelegentlich zu normalen Bürozeiten für Ihre Auftraggeber erreichbar sein. Dennoch bietet die berufliche Selbstständigkeit optimale Möglichkeiten zur freien Zeiteinteilung wie sonst keine Berufstätigkeit. Diese freie Zeiteinteilung birgt aber auch Gefahren.

Sie arbeiten zu viel

Gerade am Anfang der Selbstständigkeit, wenn Sie stark motiviert sind, das eigene Unternehmen aufzubauen, aber auch wenn Kunden ausbleiben und Sie Existenzängste haben, neigen Sie möglicherweise dazu, übermäßig zu arbeiten, besonders, wenn Sie eher der nervöse Typ sind. Damit stehen Sie nicht alleine, denn viele Gründer arbeiten Nächte und Wochenenden durch, vernachlässigen private Kontakte, das Sportprogramm und eine ausgewogene Ernährung und verschieben den Urlaub immer wieder. Tatsächlich kursieren Checklisten »Sind Sie ein Unternehmertyp?«, in denen sich u.a. auch die Frage findet: »Sind Sie bereit, in den ersten drei Jahren auf Sport und Urlaub zu verzichten?« Sie können diese Frage getrost verneinen und trotzdem ein erfolgreicher Unternehmer werden. Zu einem gelungenen Privatleben gehört auch, dass Sie im Allgemeinen auf Ihre Gesundheit achten und einen Ausgleich zu Ihrer fordernden Selbstständigkeit haben – sonst sind Sie nicht nur ständig gestresst, sondern verderben sich auf Dauer auch die Freude an Ihrer Arbeit.

Sie arbeiten zu wenig

Andere Selbstständige, vor allem auch phlegmatische Naturen, haben vielleicht eher das umgekehrte Problem: Sie tun zu wenig, weil sie durch die freie Zeiteinteilung verführt sind, sich stärker Ihrem Privatleben zu widmen. Andere verdrängen gerne, wenn es mal nicht so läuft, indem Sie sich mit den schönen Dingen des Lebens ablenken, statt zum Beispiel der fehlenden Kundennachfrage mit Akquisemaßnahmen zu begegnen und so das Problem zu lösen. Denn in jedem Fall wirkt sich Ihr persönlicher Einsatz in der Regel direkt auf Ihr Einkommen aus.

Sie arbeiten einerseits zu viel und andererseits zu wenig

Auch das kann passieren, denn nicht zu allen Tätigkeiten sind Sie gleich stark motiviert. Vermutlich widmen Sie sich lieber den Dingen, von denen Sie Ahnung haben, etwa Ihrem Fachgebiet. Aufgaben, die Sie als unangenehm empfinden, sei es nun die Akquise, die Buchhaltung oder rechtliche Aspekte, behandeln Sie möglicherweise eher stiefmütterlich. Das kann (muss aber nicht) zu Problemen führen.

Eine gute Zeitplanung hilft in jedem Fall, die drei oben genannten Probleme zu umgehen. Gute Zeitplanung bedeutet aber nicht, sich von der Uhr oder Ihrem Timer hetzen zu lassen, sondern passt sich flexibel Ihren Wünschen an. Denn natürlich lässt sich Zeit nicht sparen. Aber sie lässt sich gewinnen. Um das zu erreichen, sollten Sie mithilfe der folgenden Übersicht mindestens eine Woche lang Tag für Tag genau analysieren, wie Sie Ihre Zeit herumbringen. Für jeden neuen Tag erstellen Sie eine Tabelle wie in dem unten gezeigten Beispiel. Notieren Sie für jede Tätigkeit die Startzeit. Tragen Sie dann die Art der Tätigkeit in Stichworten ein. Benutzen Sie für jeden Tätigkeitswechsel eine neue Zeile. Kreuzen Sie das Feld Routine an, wenn es sich um eine Routinetätigkeit handelt. Schreiben Sie in der nächsten Spalte genau, auf, ob und durch was Sie bei Ihrer Arbeit unterbrochen wurden oder ob Sie eine Pause eingelegt und sich aktiv entspannt haben. Tragen Sie dann in die letzte Spalte die Dauer der Tätigkeit, der Störung beziehungsweise der Pause in Minuten ein. Legen Sie diese Übersicht so ab, dass Sie sie wiederfinden – Sie werden sie für Ihre Zeitplanung und auch die Umsetzung immer wieder brauchen.

Wochentag und Datum: Montag, 16.04.2007					
Zeit	**Tätigkeit**	**Routine**	**Störung/Pause**	**Wert**	**Dauer**
8.00	Projekt-konzeption			A	33 Min.
8.33			Störung durch Kundenanruf	C	10 Min.
8.43	Projekt-konzeption			A	95 Min.
10.18			Pause		19 Min
10.37	Rechnungen schreiben	X		B	23 Min.
11.00	Morgen-besprechung			D	69 Min.
12.09			Mittagessen		51 Min.
13.00	Kunden-gespräch			C	53 Min.
13.53			Pause		9 Min.
14.02	Vorbereitung Telefon-akquise	X		B	33 Min.
...	...	...	...		...

Setzen Sie Prioritäten

z.B. Herr F. sitzt an der Konzeption eines wichtigen Projektes. Aber er kommt nicht recht voran: Da sind auch noch das Treffen mit seinen Kooperationspartnern und die Telefonge-spräche mit Kunden am Nachmittag. Und er soll das Kon-zept bis nächste Woche seinem Auftraggeber vorlegen. Alles kann Herr F. nicht schaffen. Er muss Prioritäten setzen – und seine Konzeption hat von nun an oberste Priorität.

Prioritäten setzen heißt, sich für eine Sache zu entscheiden. Das bedeutet, dass Sie sich automatisch gegen eine Sache entscheiden. Das können Sie nur, wenn Sie wissen, welches Ziel Sie haben. Daher ist es wichtig, sich mithilfe Ihrer Zielscheibe und Ihrer Zielsetzungsliste nochmals klarzumachen, wo Ihre Ziele liegen. Welche Arbeitsgänge sind für das Erreichen Ihrer Ziele notwendig? Hier liegen Ihre Prioritäten. Herr F. hat ein Hauptziel, die Fertigstellung seiner Konzeption, daher ist es für ihn einfach, seine Priorität zu bestimmen. Wenn Sie zwei Projekte haben, die Ihnen auf den ersten Blick gleich wichtig sind, die Sie aber unmöglich gleichzeitig schaffen können, dann müssen Sie mithilfe entsprechender Techniken entscheiden, was Ihnen wichtiger ist. Wie Sie in Ihrem Selbstständigenalltag Entscheidungen fällen, werden Sie in einem späteren Kapitel noch lesen. Natürlich können Sie mit der dort beschriebenen Methode auch herausfinden, was Ihnen wichtig ist und was nicht. Prioritätensetzung ist letztlich nichts anderes: Sie entscheiden sich, was wichtig ist und was nicht.

 Manchmal nehmen Ihnen andere die Entscheidung ab, etwa ein Kunde, der Sie davon überzeugt, sofort etwas für Ihn zu erledigen. Genau genommen haben Sie aber unbewusst entschieden, dass Sie der Aufforderung nachkommen; Sie haben also hier Ihre Priorität gesetzt. Wenn Sie dann später andere, wichtigere Aufgaben nicht mehr erledigen können, sind Sie verantwortlich, nicht Ihr Kunde, schließlich haben Sie sich so entschieden.

Als Selbstständiger müssen Sie vor allem jene Tätigkeiten priorisieren, die Sie Ihren Zielen näher bringen, das meiste Geld und langfristig gesehen den meisten Nutzen versprechen. Ersteres ist recht einfach: Sinnvollerweise sollten Sie sich um Kunden und Aufträge, die Ihnen mehr Geld bringen, auch mehr kümmern, alles andere wäre unrentabel. Abzuschätzen, welche Aufträge und Kunden Ihnen langfristig mehr Nutzen verschaffen, kann jedoch schwierig sein. Hier kommt es vor allem darauf an, welche Ziele Sie langfristig haben. Wenn es um das Erreichen eines solchen langfristigen Zieles geht, kann es sinnvoll sein, kurzfristig auch einmal auf finanzielle Vorteile zu verzichten, um davon auf Dauer zu profitieren.

z.B. Herr V. ist freier Journalist mit Schwerpunkt Wirtschaft für mehrere Tageszeitungen. Langfristig gesehen möchte er jedoch weg vom hektischen Tageszeitungsgeschäft hin zu monatlich erscheinenden Zeitschriften, weil er dann mehr Zeit für die Recherche hat und mehr Geld bekommt. Für ein renommiertes Magazin soll er zur Probe eine größere Reportage verfassen. Geld bekommt er aber nur, wenn die Reportage auch gedruckt wird, allerdings hat er dann die Chance auf weitere Aufträge. Dadurch muss er aber seine Arbeit für die Tageszeitungen vernachlässigen, weil er beides zeitlich nicht schafft, und auf sicheres Geld verzichten. Da Herr V. sich jedoch langfristig mehr von der Arbeit für ein Magazin verspricht, riskiert er es, den Auftrag anzunehmen.

Natürlich müssen Sie Prioritäten nur setzen, wenn Sie mehr tun wollen, als Sie in der zur Verfügung stehenden Zeit schaffen können. Und die Prioritäten liegen für jeden anders: Ihr Kunde will natürlich, dass Sie die Arbeit sofort erledigen, Ihre Familie wünscht sich, dass Sie mehr Zeit mit ihr verbringen. Die Frage ist aber: Wo setzen Sie Ihre Prioritäten? Wenn Sie keine Zeitprobleme haben, können Sie dieses Kapitel getrost überspringen. Wenn Sie aber zu den Menschen gehören, die sich in vielen kleinen Dingen verzetteln und darüber den Blick für die wichtigen Aufgaben verlieren und am Ende des Tages häufig das Gefühl haben, nichts Wichtiges erledigt zu haben, sollten Sie weiterlesen und den folgenden drei Verfahren nähere Beachtung schenken – mindestens eines von ihnen ist sicherlich auch geeignet, Ihnen die Prioritätensetzung zu erleichtern:

Das Pareto-Prinzip

Das Prinzip heißt nach seinem Entdecker, dem italienischen Volkswirtschaftler Vilfredo Pareto (1848–1923). Bei der Durchsicht seiner Geschäftsbücher stellte er fest, dass relativ wenig Kunden sehr viel Umsatz brachten und nur ein kleiner Teil des Umsatzes von den übrigen Kunden stammte. Das Verhältnis war etwa 80 Prozent zu 20 Prozent. 20 Prozent der Kunden sorgten für 80 Prozent des Umsatzes, die restlichen 80 Prozent der Kunden brachten ihm nur 20 Prozent ein. Pareto stellte fest, dass sich dieses Verhältnis auch auf andere Bereiche übertragen ließ: 20 Prozent der Fehler in der Produktion verursachen 80 Prozent des Ausschusses, 80 Prozent der Restaurantkritiken werden für 20 Prozent des Angebotes auf der Speisekarte gegeben und vieles mehr. Diese Regel lässt sich daher auch auf Ihre Zeitplanung beziehungsweise das Verhältnis von Arbeitsaufwand und Ergebnis übertragen.

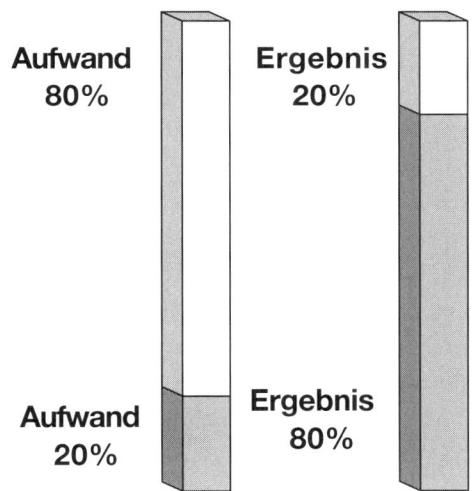

Abbildung 3: Das Pareto-Prinzip

Tipp Mit 20 Prozent Aufwand und Energie erreichen Sie 80 Prozent des Ergebnisses. Konzentrieren Sie sich daher konsequent und systematisch auf die 20 Prozent wichtigen Aufgaben und Sie werden 80 Prozent Ihrer Arbeit erfolgreich erledigen.

Jetzt werden Sie sagen: »Ja, aber die 80 Prozent unwichtigeren Arbeiten muss ich ja auch erledigen!« oder: »Ich will aber nicht nur 80 Prozent Ergebnis, sondern 100 Prozent!« Doch Sie müssen sich klarmachen, dass Sie nicht alles schaffen können. Wenn Sie sich für die unwichtigeren 80 Prozent Ihrer Arbeit entscheiden, entscheiden Sie sich damit gegen die 20 Prozent wichtigeren Aufgaben. Und wenn Sie ein hundertprozentiges Ergebnis erreichen wollen, müssen Sie im Verhältnis einen derart hohen Aufwand betreiben, dass das Ihrem Unternehmenserfolg nicht zuträglich wäre. Natürlich erwarten Ihre Kunden von Ihnen, dass Sie Ihre Wünsche so gut es geht erfüllen. Und meistens sind Ihre eigenen Ansprüche an sich noch höher. Aber immer Perfektion zu erreichen, ist, wie gesagt, nahezu unmöglich. Sie werden alle Ihre Kunden kaum hundertprozentig zufriedenstellen können. Aber mit nur 20 Prozent des Einsatzes können Sie 80 Prozent Ihrer Kunden zufriedenstellen beziehungsweise Ihre Kunden zu 80 Prozent zufriedenstellen. Das ist doch eine gute Quote, die Ihnen erlaubt, noch andere Dinge zu erledigen. Das Prinzip können Sie übrigens nicht nur nutzen, wenn Sie verschiedene Aufgaben zu absolvieren haben, sondern auch auf eine einzige Tätigkeit anwenden.

z.B. Journalist V. bräuchte, um seine Reportage perfekt zu schreiben, 100 Stunden. Für eine gute Reportage mit einer Qualität von 80 Prozent benötigt er jedoch nur 20 Stunden. Damit hat er noch 80 Stunden übrig, um Artikel für Tageszeitungen zu verfassen und so sein finanzielles Risiko zu minimieren.

Das Eisenhower-Prinzip

Dieses Prioritätenmodell geht auf den ehemaligen US-Präsidenten Dwight D. Eisenhower (1890–1969) zurück. Er stellte fest: »Die meisten wichtigen Dinge sind nicht dringlich, und die meisten dringlichen Dinge sind nicht wichtig.« Leider hält man sich im Alltag häufig nicht an diese simple Regel, stattdessen herrscht der Dringlichkeitswahn. Jeder will alles immer sofort, und oft genug lässt man sich von anderen nervös machen, statt in Ruhe zu überlegen, ob die Erledigung dieser oder jener Aufgabe wirklich wichtig ist. Tatsächlich sind aber wirklich wichtige Dinge selten eilig, da es meistens größere Projekte, langfristige Ziele oder Meilensteine auf Ihrem Weg sind. Natürlich muss gelegentlich auch ein wichtiges Projekt schnell zu Ende gebracht werden – aber Hand aufs Herz: Wie häufig kommt das vor?

 Da genügt es, dass der Kunde oder Auftraggeber mit hohem Tonfall oder schnell redet – und schon hat man den Eindruck, man müsse sich beeilen. Andere versuchen, Sie bewusst unter Druck zu setzen, etwa indem sie Ihnen ein schlechtes Gewissen einreden. Doch vergessen Sie nicht: Was wichtig und dringlich ist, entscheiden alleine Sie.

Das Eisenhower-Prinzip ist eine systematische Entscheidungshilfe, mit der Sie Aufgaben schnell nach Ihrer Wichtigkeit und Dringlichkeit einordnen können. Aber dieses System ist nicht statisch und unflexibel, sondern kann sich in jedem Moment verändern: Aufgaben, die nicht dringlich waren, müssen plötzlich dringend erledigt werden, und was vorher wichtig erschien, kann ganz plötzlich unwichtig werden. Zeichnen Sie bei der Erstellung eines Tagesplans ein solches Eisenhower-Quadrat auf ein Blatt. Alternativ können Sie das Blatt auch falten, sodass vier Felder entstehen. Wichtig ist, dass in den Feldern genug Platz für alle Aufgaben des Tages bleibt. Überlegen Sie nun, welche Aufgaben in welches Feld gehören, und schreiben Sie diese auf, wie in dem unten gezeigten Beispiel – und danach richten Sie Ihren Zeitplan aus.

Hohe Wichtigkeit	B-Aufgaben terminieren bzw. delegieren ❏ Rechnungen schreiben ❏ Telefonakquise	A-Aufgaben sofort erledigen! ❏ Konzept für das Projekt für Kunde H. bis übermorgen erstellen
Niedrige Wichtigkeit	D-Aufgaben ❏ Morgenbesprechung	C-Aufgaben delegieren ❏ Kundengespräch ❏ Anrufe durch Kunden
	Niedrige Dringlichkeit	**Hohe Dringlichkeit**

Tabelle: Eisenhower-Quadrat

Zunächst überlegen Sie, welche Aufgaben wirklich dringend und wichtig sind. In dem Beispiel ist es die Projektkonzeption für einen wichtigen Kunden, die bis zum übernächsten Tag fertig sein muss und keinen Aufschub mehr duldet – eine echte A-Aufgabe also. Es kann aber sein, dass kurzfristig etwas noch Dringenderes dazwischenkommt, dass Kunde M. beispielsweise bis morgen noch Änderungswünsche hat. Wenn beide Kunden gleich wichtig sind, entscheidet in diesem Fall die Dringlichkeit – das Projekt für Kunde H. hätte dann nur noch Priorität B.

B-Aufgaben sind solche, die zwar wichtig, aber nicht ganz so eilig sind. Rechnungen schreiben und Kunden akquirieren etwa ist beides immer wichtig – aber es muss in der Regel nicht sofort erledigt werden. B-Aufgaben sind meist langfristige, strategische Aufgaben zur Erreichung wichtiger Ziele. Doch auch wenn diese Aufgaben nicht dringend sind – gemacht werden müssen Sie auf jeden Fall. Planen Sie diese deshalb in Ihren Zeitplan ein und erledigen Sie sie konsequent nach den Vorgaben. Schieben Sie diese wichtigen Dinge nicht unerledigt vor sich her und verlieren Sie sie auf gar keinen Fall aus den Augen, denn vor allem B-Tätigkeiten helfen Ihnen, Ihre Ziele zu erreichen.

Was aber hält Sie den ganzen Tag davon ab, die wichtigen A- und B-Aufgaben zu erledigen und lässt Sie abends dennoch erschöpft sein? Meist sind es C-Aufgaben, die dringend erscheinen, aber eigentlich nicht wirklich wichtig sind. So ist es natürlich wichtig, sich um Kunden zu kümmern, doch gerade die haben die Eigenheit, mit ihrem persönlichen Anliegen im Moment als ganz besonders dringlich zu erscheinen. Gerade hier müssen Sie konsequent Prioritäten setzen und sich fragen, ob diese Aufgabe für Ihre Zielsetzung wirklich relevant ist. Wenn der Kunde Sie beispielsweise nur aufhält, aber klar ist, dass er Ihnen ohnehin gar keinen oder nur einen geringen Verdienst einbringen wird, dann hat er unter Ihren Aufgaben auch nur Priorität C – im Gegensatz zu wichtigen Kunden, deren dringenden Anliegen Sie Priorität A einräumen sollten.

Wenn Sie feststellen, dass eine Aufgabe gar nicht notwendig ist, wie etwa die Morgenbesprechung, die Sie nur noch aus Gewohnheit erledigen und deren Inhalte Sie auch per E-Mail austauschen könnten, sollten Sie einen mutigen Schritt wagen. Werfen Sie die überflüssigen D-Aufgaben in den virtuellen Papierkorb, denn genau diese unnötigen Tätigkeiten hindern Sie daran, das zu tun, was für das Erreichen Ihrer Ziele wirklich notwendig ist.

Die ABC-Analyse

Vielleicht haben Sie Ihre Aufgaben nach dem Eisenhower-Prinzip priorisiert, doch Sie stellen fest, dass Sie noch immer Zeitprobleme haben. Dann sollten Sie analysieren, ob Sie nicht für unwichtige Aufgaben zu viel Zeit vertrödeln und ob Sie für andere Tätigkeiten der Wichtigkeit entsprechend genügend Zeit aufwenden. Die Idee hinter der ABC-Analyse ist: Es gibt einige wenige wichtige und dringende A-Aufgaben und ein paar mittelwichtige B-Tätigkeiten, die für das Erreichen Ihrer Ziele wichtig sind. Daneben gibt es viele eher unwichtige C-Angelegenheiten. Wie verteilen sich diese nun auf Ihren Tagesablauf? Nehmen Sie sich dazu Ihre Zeitanalyse nochmals Tag für Tag vor und schreiben Sie daneben, welche Ihrer Tätigkeiten welche Priorität haben. Dabei werden Sie Folgendes feststellen (die nachfolgende Übersicht verdeutlicht das noch einmal bildlich):

1. Anzahl der Aufgaben pro Tag: Wenn Sie untersuchen, welche Aufgaben am Tag anfallen, stellen Sie fest: Etwa 15 Prozent davon sind wichtige A-Aufgaben, 20 Prozent sind B-Aufgaben und ca. 65 Prozent sind eher unwichtige C-Aufgaben.

2. Wert der Aufgaben: Hier verhält es sich genau umgekehrt, denn der Wert einer Aufgabe bemisst sich danach, wie wichtig diese für Sie ist, um Ihr gesetztes Ziel zu erreichen. Wenn Sie also überdenken, welche Aufgaben für Ihre Zielsetzung wichtig sind, werden Sie zu einem ganz anderen Ergebnis kommen: Die A-Aufgaben haben einen Wert von 65 Prozent, und die anteilsmäßig höheren C-Aufgaben haben nur einen Wert von 15 Prozent.

3. Investierte Zeit – Soll-Zustand: Genau so sollten Sie diese Aufgaben auch über den Tag verteilen: 65 Prozent Ihrer Zeit sollten den A-Aufgaben, 20 Prozent den B-Aufgaben, 15 Prozent den C-Aufgaben gehören.

4. Investierte Zeit – Ist-Zustand: Leider ist es in Wirklichkeit meist genau andersherum. Sie werden feststellen, dass Sie den wichtigen A-Tätigkeiten nur 15 Prozent Ihrer Zeit eingeräumt haben, dass aber gerade die C-Tätigkeiten die meiste Zeit, nämlich 65 Prozent, verbraucht haben. Doch daran können Sie arbeiten.

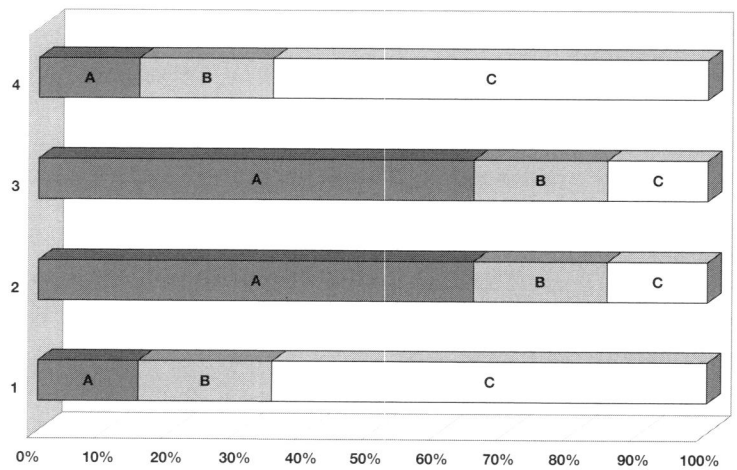

Abbildung 4: ABC-Analyse

So bekommen Sie einen guten Überblick darüber, welche Aufgaben wichtiger und welche unwichtiger sind: Machen Sie eine Liste mit Aufgaben, die in den kommenden Tagen anstehen. Ordnen Sie diese Aufgaben nach ihrem Wert für das Erreichen Ihrer persönlichen Ziele, A = hoher Wert, B = nicht so wichtig, C = unwichtig. Schreiben Sie eine zweite Liste: Hier notieren Sie zunächst die A-Aufgaben, dann darunter die B-Aufgaben und schließlich die C-Aufgaben. Verplanen Sie nun Ihre Zeit dementsprechend: 65 Prozent für die Aufgaben oben auf der Liste, 20 Prozent beziehungsweise 15 Prozent für die unteren.

Planen Sie Ihre Zeit

Wenn Sie wissen, nach welchen Kriterien Sie den Aufwand für Ihre Aufgaben bemessen, können Sie sich der eigentlichen Zeitplanung widmen. Schriftlich. Das hat mehrere Vorteile: Zum einen visualisieren Sie so Ihre Aufgaben und auch die Zeitdauer dafür und halten dadurch Ihre eigenen Vorgaben besser ein. Verlassen Sie sich nicht darauf, dass Sie schon alles im Kopf haben. Wenn Sie Ihre Termine schriftlich fixiert haben, können Sie, wenn Sie plötzlich umplanen müssen, viel besser neue Termine festlegen, und die Wahrscheinlichkeit, dass Sie Termine vergessen, wird geringer.

 Planen bedeutet nicht, die Zukunft zu betonieren. Im Gegenteil: Wenn Sie flexibel auch Alternativen einplanen, können Sie auf Unvorhergesehenes besser reagieren.

Legen Sie die Reihenfolge der Aktivitäten fest. Orientieren Sie sich dabei zunächst an der Priorität, die Sie persönlich den einzelnen Aufgaben beimessen. Leider müssen Sie aber auch ein paar äußere Faktoren einkalkulieren, etwa, wann andere Menschen, mit denen Sie zusammenleben und -arbeiten, Zeit haben. Überlegen Sie, auf welche Faktoren Sie gar keinen Einfluss haben, etwa die Schulzeiten der

Kinder – diese sind feststehend. Andere können Sie eventuell ändern, vielleicht können Sie Mitarbeiter auf einen besser passenden Termin vertrösten oder Kunden bitten, noch mal anzurufen. Erstellen Sie eine Checkliste, was Sie bei Ihrer Zeitplanung berücksichtigen müssen.

Checkliste: Faktoren, die für die Zeitplanung wichtig sind

- Welche Aufgaben haben für mich Priorität? (nicht ganz fest)
- Wann haben Mitarbeiter Zeit, mit denen ich zusammenarbeiten will? (nicht ganz fest)
- Wann haben wichtige Kunden Zeit, die ich erreichen muss? (feststehend)
- Wann ist es sinnvoll, dass ich für Kunden gut zu erreichen bin? (kann ich festlegen)
- Wann muss der Laden geschlossen sein – Ladenschlussgesetz) (absolut feststehend)
- Wann sind die Kinder in der Schule? (absolut feststehend)
- …

Dann erstellen Sie eine Liste Ihrer Aktivitäten. Halten Sie für jede Aktivität die Zeitdauer fest. Dabei gilt: Wie lange eine Sache dauert, ist nicht unbedingt von der Aktivität abhängig. Eher gilt, dass eine Sache so lange braucht, wie Zeit zur Verfügung steht. Andersherum können Sie auch jede Aktivität mit so viel Zeit ausfüllen wie Sie wollen. Wenn Sie sich zum Beispiel für eine bestimmte Aufgabe einen kürzeren Zeitraum zugestehen, gehen Sie in vielen Fällen effizienter an die Sache heran.

z.B. Herrn W.s tägliche Morgenbesprechung mit seinen Kooperationspartnern zieht sich endlos hin: Irgendetwas findet man schon, über das man reden kann. Viel sinnvoller wäre es, für einzelne Diskussionspunkte eine bestimmte Dauer festzulegen und in diesem Zeitrahmen dann eine Entscheidung zu treffen.

Kein äußerer Einfluss, etwa durch den Kunden, bestimmt die Dauer einer Aktivität, sondern allein Sie selbst! Auch wenn es am Anfang helfen mag, sich die Richtwerte für die Planung bei anderen abzuschauen: Jeder braucht unterschiedlich lange für die gleiche Aktivität. Wenn Ihnen also andere Selbstständige erzählen, Sie hätten im ersten Monat schon zehn Kunden akquiriert, in drei Tagen das komplette Büro eingerichtet oder würden jeden Tag 14 Stunden arbeiten: Lassen Sie sich davon nicht unter Druck setzen. Sie haben Ihren eigenen Rhythmus, denn Sie sind ja auch jemand anderes und Ihr Unternehmen ist ein anderes. Was andere Leute machen, kann für Sie anfänglich nur ein Richtwert sein. Entwickeln Sie Ihren eigenen Planungsstil.

 Stopfen Sie Ihren Tagesablauf nicht zu voll. Planen Sie als Faustregel etwa 60 Prozent fest ein und lassen Sie 40 Prozent frei für Unerwartetes und Spontanes. Diese Richtwerte können natürlich je nach Aufgaben, Projekten und auch Tagesform variieren. Dennoch bieten sie eine erste Orientierung.

Möglicherweise schaffen Sie es nicht gleich, für alle Aktivitäten den richtigen Zeitaufwand anzusetzen. Lassen Sie sich dadurch nicht frustrieren. Wenn Sie gemerkt haben, dass Sie für eine Aktivität mehr als die anberaumte Zeitdauer gebraucht haben, planen Sie beim nächsten Mal einfach etwas mehr Zeit ein. Wenn Sie dann wieder nicht hinkommen und entweder zu viel oder zu wenig Zeit haben, planen Sie um. Sie werden sehen, mit der Zeit bekommen Sie Erfahrung damit, wie viel Zeit Sie für eine Tätigkeit brauchen, und Ihre Planung wird immer exakter. Wichtig ist vor allem am Anfang, dass Sie auf genügend Pufferzeiten achten. So könnte ein optimaler Tagesplan aussehen:

Wochentag und Datum: Montag, 16.04.2007					
Uhrzeit	**Tätigkeit**	**Routine**	**Anmerkung**	**Wert**	**Dauer**
8.00	Projektkonzeption		Ohne Störung, Kunden werden auf den Nachmittag vertröstet, Kundengespräche auf die Zeit nach Fertigstellung des Projektes terminiert.	A	90 Min.
9.30	Pause		Pause mit Gymnastik	A	10 Min.
9.40	Projektkonzeption		Ohne Störung	A	95 Min.
11.15	Pause		Entspannungspause	A	15 Min
11.30	Projektkonzeption		Ohne Störung	A	90 Min.
13.00	Mittagspause		Essen u. Verdauungsspaziergang	A	90 Min.
14.30	Rechnungen schreiben	X		B	90 Min.
16.00	Pause			A	15 Min.
16.15	Vorbereitung Telefonakquise	X	Die Akquise selbst wird morgen eingeplant.	B	15 Min.
16.30	Verfügbar für Kundenanrufe		Falls ein Kunde spontan ohne Termin etwas will, habe ich jetzt Zeit.	C	1 h
…	…	…	…		…

Wichtig ist, dass Sie konsequent bei der Sache bleiben. Wenn Sie mal planen und mal nicht, kommen Sie nie zum gewünschten Ergebnis. Sie müssen sich auf Ihren Zeitplan verlassen können. Montags vormittags haben Sie beispielsweise nichts in Ihrem Plan eingetragen. Wenn Sie jetzt erst überlegen müssen, ob da nicht vielleicht doch etwas war, haben Sie Ihren Zeitplan nicht konsequent genug angewendet. Wichtig ist daher, dass Sie beim Blick in den Kalender auf den ersten Blick wissen: Montagmorgen ist noch ein Termin frei! Auch wenn sich Termine und Adressen ändern, müssen Sie die Daten umgehend aktualisieren. Das kostet zwar zunächst Zeit, hilft Ihnen aber, Planungs- und Organisationschaos zu vermeiden.

Berücksichtigen Sie Leistungskurven

z.B. »Eigentlich wollte ich doch noch so viel machen«, denkt Herr D. entsetzt nach einem Blick auf die Uhr. Aber die Arbeit will und will ihm nicht von der Hand gehen. »Und dabei war ich doch heute morgen so motiviert«, ärgert er sich über sich selbst.

Auch wenn es schön wäre: Niemand kann den ganzen Tag über kontinuierlich gut arbeiten. Mal geht es besser, mal geht es schlechter. Das ist abhängig vom Arbeitsaufkommen, den persönlichen Gewohnheiten, der Ernährung, aber auch davon, wie Sie geschlafen und was Sie zuvor getan haben. Tatsache ist in jedem Fall: Ihr Körper hat seine Leistungshochs und -tiefs. Und danach sollten Sie sich richten, denn in den Hochphasen arbeiten Sie besser, während der Tiefs kriegen Sie manchmal einfach gar nichts hin oder machen einen Fehler nach dem anderen.

Doch auch wenn äußere Ereignisse Ihre Leistungsbereitschaft beeinflussen und spontan verändern können (denken Sie nur an den Adrenalinkick, den Sie bei einer positiven Nachricht bekommen), verläuft Ihre Leistungskurve doch in einer gewissen Regelmäßigkeit, sodass Sie danach planen können. Wenn Sie nun Ihren Zeitplan nach diesem natürlichen Tagesrhythmus ausrichten, können Sie Ihre Produktivität erheblich verbessern. Grundsätzlich verläuft dieser Tagesrhythmus bei jedem Menschen ähnlich:

Morgens, etwa gegen 10 Uhr, erreichen die meisten Menschen ihren Leistungshöhepunkt. Ein Morgenmuffel erreicht diesen Zustand vielleicht etwas später, aber auch er ist morgens besonders produktiv. Vormittags haben Sie daher die besten Voraussetzungen, sich zu konzentrieren und mit schwierigen Problemen auseinanderzusetzen. Einen solchen Leistungshöhepunkt haben Sie während des gesamten Tages nicht mehr. Wenn Sie beispielsweise kreativ arbeiten wollen, sollten Sie diese Zeit nutzen, um alle Ideen zu sammeln und aufzuschreiben, die Ihr Gehirn im Schlaf ausgebrütet hat. Dadurch geraten Sie in einen regelrechten Arbeitsfluss. Wichtig ist, dass Sie diese Energie nutzen, um sich ganz auf die Sache zu konzentrieren, und dass Sie Störungen, etwa durch Telefon, Mitarbeiter und Kunden möglichst vermeiden. Halten Sie früh am Morgen besser keine langatmigen Besprechungen ab, denn jetzt sind die meisten Menschen auf Power und Konfrontation eingestellt, für Kompromisse bleibt da wenig Raum.

 Natürlich können Sie Ihren Tagesplan nicht immer nach Ihren Leistungskurven ausrichten – schon weil Sie bei Ihrer Arbeit auch mit anderen Menschen zu tun haben, die wieder eigene Leistungskurven haben. Versuchen Sie dennoch, zumindest mit ihren Kooperationspartnern, die Tagesrhythmen zu berücksichtigen, und sie werden effektiver zusammenarbeiten.

Nachmittags, nach dem Mittagessen, erreichen Sie den Tiefpunkt des Tages – besonders wenn Sie schwer gespeist haben. Planen Sie zu dieser Tageszeit Routinetätigkeiten ein, die nicht Ihre volle Konzentration erfordern. Oder machen Sie gleich eine ausgedehnte »Siesta«. Wenn Sie Ihre Zeit lieber direkt berufsbezogen nutzen wollen, können Sie jetzt Arbeitsgänge für später oder den nächsten Tag vorbereiten. Auch für eher ungezwungene Besprechungen mit Kunden, die nicht allzu viel Aufmerksamkeit erfordern, ist jetzt ein guter Zeitpunkt. Am frühen Abend haben Sie einen neuen Höhepunkt, der aber nicht das Niveau

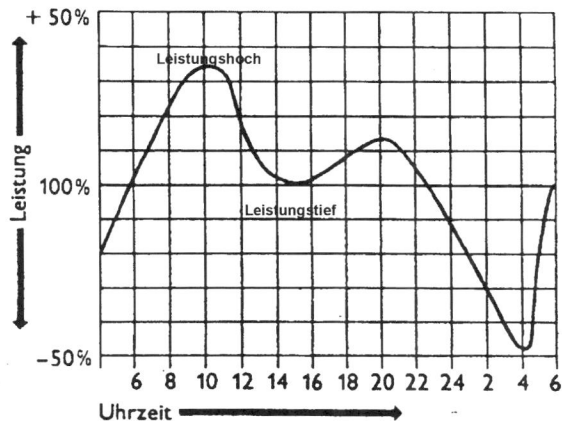

Abbildung 5: Die Leistungskurve

des Vormittags erreicht. Von da an geht es steil nach unten mit Ihrer Leistungsfähigkeit. Wenn Sie bis in die Nacht hinein konzentriert arbeiten wollen, sollten Sie berücksichtigen, dass Sie dann am nächsten Morgen wahrscheinlich nicht die gleiche Leistungsfähigkeit erreichen. Um zu wissen, wie Ihr eigener, persönlicher Tagesrhythmus genau aussieht, sollten Sie sich selbst zumindest eine Woche lang (oder auch länger) beobachten und die Ergebnisse in einer Übersicht zusammenfassen. Nutzen Sie dazu die Vorlage unten und bewerten Sie Ihre Leistungsfähigkeit mit Schulnoten: Wann arbeiten Sie am schnellsten und haben die besten Einfälle? Zu dieser Zeit sollten Sie Ihre Leistungskurve im oberen Bereich bei 1 oder 2 ansetzen. Wann geht bei Ihnen gar nichts mehr? Hier ist Ihr Tiefstand erreicht, setzen Sie hier Punkte bei 5 oder 6. Möglich ist, dass die Kurve vom einen auf den anderen Tag leicht variiert. Aber Sie werden eine gewisse Regelmäßigkeit erkennen, die Sie bei Ihrer Planung einbeziehen können.

Leistungsfähigkeit: 1–2: überdurchschnittlich 3–4: durch-schnittlich, 5–6: unterdurchschnittlich																
1																
2																
3																
5																
4																
6																
Uhr	6	7	8	9	10	11	12	13	14	15	16	17	18	19	20	21	22

Tabelle: Leistungsfähigkeit

 Wenn Sie zu lange und intensiv arbeiten, lässt Ihre Leistungs-fähigkeit nach und es schleichen sich Fehler ein. Planen Sie daher auch regelmäßige Pausen ein.

Pausen sind auf keinen Fall Zeitverschwendung, sondern dringend notwendig, um Energien aufzutanken. Aber Pause ist nicht gleich Pause: Die Kunst besteht darin, die Pause rechtzeitig einzulegen. Wenn Sie erst pausieren, wenn nichts mehr geht, brauchen Sie hinter-her umso länger, um Ihre Energiereserven wieder zu füllen. Der richtige Zeitpunkt für eine Pause ist dann erreicht, wenn Sie noch gar nicht das Gefühl haben, eine machen zu müssen. Planen Sie lieber mal öfter solche kurzen Unterbrechungen – dann tanken Sie Ihre Reserven wesentlich schneller wieder auf.

 So machen Sie richtig Pause: Unterbrechen Sie nicht erst bei Erschöpfung, sondern rechtzeitig, am besten regelmäßig jede Stunde fünf bis zehn Minuten. Machen Sie dabei Entspan-nungsübungen, gehen Sie kurz an die frische Luft oder bewegen Sie sich zumindest etwas.

Wählen Sie geeignete Planungsinstrumente aus

Dadurch, dass Sie Ihre Planung schriftlich festhalten, behalten Sie den Überblick darüber, was wichtig und was noch zu erledigen ist. Außerdem müssen Sie nicht ständig daran denken und die Sache im Kopf behalten, sondern können Ihre Energie anderen Dingen widmen und gelegentlich mal auf Ihren Planer schauen. Doch es reicht nicht, wenn Sie nur irgendwie schriftlich planen: Sie brauchen auch die geeigneten Planungsinstrumente. Ganz wichtig ist dabei, dass Sie sich auf ein Planungsmittel festlegen. Das klingt einfach, ist es aber nicht: Überlegen Sie doch einmal, wie Sie jetzt organisiert sind. Wo haben Sie Ihre E-Mail-Adressen abgelegt? Und wo Ihre Telefonnummern? Wie erinnern Sie sich an wichtige Termine? Und wie schreiben Sie Ihre Aufgabenlisten? Machen Sie eine Bestandsaufnahme: Wie sieht Ihr bisheriges Planungssystem aus? Vielleicht so:

Checkliste: Planungssystem
- E-Mail-Adressen: im Adressbuch des E-Mail-Programms
- Andere Adressen: auf Visitenkarten lose in der Schublade
- Wichtige Termine auf Haftzetteln am schwarzen Brett oder auf dem Notizblock
- ...

Das ist natürlich die schnellste Form der Planung: Man lässt Daten einfach da, wo man sie am schnellsten ablegen kann, etwa auf dem Notizzettel, zu dem man am Telefon mal eben greift, oder im E-Mail-Programm, wo die E-Mail-Adressen automatisch abgespeichert werden. Aber es ist nicht die beste Form: Das merken Sie spätestens dann, wenn Sie auf dem Weg zu einem Termin im Stau stehen und alle Daten zu dem Termin auf dem Notizzettel dabei haben, aber nicht die Handynummer Ihres Gesprächspartners, um ihm die Verzögerung mitzuteilen. Oder Sie müssen während eines Telefonats schnell mal schauen, ob Sie zu einem bestimmten Termin Zeit haben – denn »da war doch irgendwas« – nur finden Sie jetzt den Notizzettel nicht, auf dem das steht, und Sie haben den Computer gerade heruntergefahren und können auf die Software, mit der Sie Ihre Termine normalerweise verwalten, nicht zugreifen. Kurz: Wenn Sie auf diese Weise planen, müssen Sie immer mehrere Medien bemühen und miteinander abgleichen. So kann ganz schnell ein Chaos entstehen.

Überlegen Sie, ob es für Sie sinnvoller ist, mit einem Terminkalender zu arbeiten, einem Zeitplanbuch, einer Zeitplanungssoftware am Computer oder einem elektronischen Organizer. Jeder ist anders, und für jeden ist ein anderes Planungsinstrument sinnvoll. Das ideale Werkzeug gibt es noch nicht. Testen Sie die verschiedenen Instrumente vorher, bevor Sie ein teures System anschaffen, mit dem Sie dann doch nicht zurechtkommen, und lassen Sie sich im Fachhandel ausführlich beraten, aber sich nichts aufschwätzen! Suchen Sie im Internet nach aktuellen Testergebnissen von Verbrauchern, etwa unter http://www.dooyoo.de oder http://www.ciao.de. Zu einigen Zeitplaninstrumenten gibt es Produkttests die eine erste Orientierung bieten können.

Die nachfolgende Übersicht gibt Ihnen eine Hilfestellung bei der Auswahl des für Sie am besten geeigneten Instrumentes. Entscheiden Sie sich konsequent für ein Planungssystem, das Sie regelmäßig aktualisieren. Planen Sie die Zeit für das Aktualisieren fest ein.

 Gleichzeitig zwei Adress- und Terminplanbücher, etwa ein elektronisches und eines auf Papier, aktuell zu halten, ist so gut wie unmöglich: Sie benötigen den doppelten Aufwand. Irgendwann vergessen Sie doch einmal Daten abzugleichen, und schon ist Ihr System durcheinander, weil Sie nicht mehr wissen, welches Instrument die aktuelleren Daten enthält. Auch wenn es schwerfällt, weil jedes System seine Vor- und Nachteile hat: Entscheiden Sie sich.

Checkliste: Was ein Zeitplanbuch enthalten sollte

- Aktivitätenlisten, Checklisten, Besprechungs- und Projektpläne, die bei der Organisation bestimmter Aufgaben, beim Priorisieren, Terminieren und Delegieren helfen
- Tages-, Wochen-, Monats- oder Jahrespläne und -übersichten, die Sie bei der allgemeinen Termin- und Aufgabenorganisation unterstützen. So behalten Sie auch über längere Zeiträume hinweg den Durchblick
- Memo-Datenblätter für schnelle Notizen, Daten und Fakten
- Adressblätter für die eigene Adressdatenbank inklusive Feld für Adresse, E-Mail-Adresse, Telefon- und Faxnummer mit alphabetischem Register
- Hüllen für Visiten- oder Scheckkarten, damit diese praktisch und übersichtlich abgelegt sind
- Allgemeine Informationen wie Welt- oder Deutschlandkarte, Auflistung der Feiertage, Schulferien, Messe- und Steuertermine
- Register, die das Buch praktisch in verschiedene Abteilungen unterteilen und Ihre Daten alphabetisch sortieren
- …

Elektronische Planung

Die Vorteile der elektronischen Planung sind:

❏ Termine: Hier können Sie die Termine auch mit dem PC abstimmen und, wenn vorhanden, über das Netzwerk in Ihrer Firma mit Ihren Kollegen. Wiederkehrende Termine sind mit sehr wenig Aufwand nur einmal einzutragen, sie werden automatisch immer wieder angezeigt. Zudem lassen sich die Termine leicht verschieben und bearbeiten. Die Software überprüft zudem, ob Termine schon vorhanden sind und vermeidet so Doppeleintragungen.

❏ Automatische Erinnerung: Sie müssen auch gar nicht mehr selbst in Ihren Kalender schauen, sondern Ihre elektronische Software gibt automatisch einen Signalton, wenn ein Termin oder eine Aufgabe bevorsteht. Dadurch können Sie Ihre Zielplanung konsequenter verfolgen und sich selbst auf die Einhaltung Ihrer Planung hin kontrollieren. Das müssen Sie natürlich entsprechend einstellen. Unerledigte Aufgaben werden automatisch auf den nächsten Tag übertragen.

❏ Kontakte: Auch die Kontakte lassen sich sauber pflegen. Sie können Daten schneller übertragen: Wenn Ihnen beispielsweise jemand eine Adresse per E-Mail mitteilt, lassen sich die geänderten Daten einfach und schnell in die Software hineinkopieren. Sie können Notizen zu jedem Kontakt dazuschreiben, beispielsweise um sich daran zu erinnern, wer diese Person war oder ob derjenige persönliche Vorlieben hatte – das vereinfacht die spätere Orientierung enorm.

❏ Aktualität: Gerade E-Mail-Adressen und Telefonnummern, aber auch Termine ändern sich ständig. Diese Änderungen lassen sich in einer elektronischen Lösung sauberer und übersichtlicher pflegen als in einem Zeitplanbuch, in dem Sie immerzu radieren oder durchstreichen müssen.

❏ Suchfunktion: Wenn Sie nicht mehr genau wissen, ob Sie eine Adresse unter dem Firmennamen oder dem Namen der Kontaktperson abgelegt haben oder wann Sie einen bestimmten Termin hatten, können Sie einfach die Suchfunktion betätigen.

❏ Konvertieren: Sie können die Daten verschiedener elektronischer Systeme, etwa Palm, Lotus und Outlook, miteinander synchronisieren. Hierbei sind jedoch kleinere Probleme nicht ganz selten, da jedes Programm die Daten ein wenig anders verwaltet. Daher empfiehlt es sich zur Sicherheit, wichtige Daten noch außerhalb des Programms zu speichern oder auszudrucken.

Software für den Computer oder Laptop

Wer ohnehin rund um die Uhr den Computer laufen lässt, für den ist eine Zeitplanung auf Softwarebasis, im Fachjargon Personal Infomation Management (PIM) genannt, eine gute Lösung. PIM-Software kann sowohl für einzelne Benutzer als auch für den Betrieb in Netzwerken konzipiert sein. Bei Netzwerk-Lösungen spielt die Benutzerverwaltung eine wichtige Rolle, da jeder, der Zugriff hat, seine eigenen Daten verwalten möchte und nicht alle Benutzer alle Daten ansehen oder bearbeiten sollen. Die Preise für PIMs sind sehr unterschiedlich: Es gibt kostenlose Produkte sowie gute Software bereits ab 40 Euro. Das preisliche Mittelfeld bewegt sich um die 200 Euro, und die Höchstpreise liegen über 1.000 Euro.

Vergleichsweise preiswert ist da der Termin-und Projektplaner Lotus Organizer von IBM: Die aktuelle Version kostet etwa 70 Euro. Die Oberfläche des Lotus Organizer entspricht dem vertrauten Terminplaner auf Papier mit Registerkarten für alle Abschnitte und Seiten, die sich umblättern lassen. Dadurch finden Sie sich sofort zurecht und können Termine und alltägliche Aufgaben komfortabel verwalten, zum Beispiel in einer Terminübersicht oder in einer Aktivitätenliste mit Abschnitten für anstehende Telefonanrufe und sonstige Kontaktdaten. Sie können Kontakte nach Namen, Firma, Kategorie oder Postleitzahl sortieren. Aktivitäten ordnen Sie nach Priorität, Kategorie, Status oder Anfangsdatum. Neben diesen speziellen Features bietet Lotus noch einige Zusatzfunktionen: Über den Abschnitt »Anrufe« können Sie ankommende und abgehende Anrufe problemlos verfolgen und Rufnummern automatisch anwählen. Und bei Websites brauchen Sie sich keine komplizierten Anmeldenamen und Kennwörter mehr zu merken, sondern müssen die Webadresse, den Anmeldenamen und das Kennwort nur einmal eingeben. Jedes Mal, wenn Sie sich einloggen wollen, wird dies automatisch an den Browser übergeben. Diese praktische Funktion stellt jedoch auch ein Sicherheitsrisiko dar. Die Webadresse des Herstellers lautet http://www-306.ibm.com/software/de/lotus.

Ebenfalls sehr beliebt, aber mehr als doppelt so teuer und nur im Rahmen des Microsoft Office Paketes erhältlich ist Microsoft Outlook. Neben der E-Mail-Funktion von Outlook ist die Terminverwaltung die am intensivsten genutzte Funktion von Outlook. Über einen Exchange-Server können Sie automatisch Besprechungen und andere Termine mit mehreren Teilnehmern planen, indem Outlook die Terminkalender aller Teilnehmer vergleicht und mögliche Terminüberschneidungen anzeigt. PDAs, Pocket PCs oder auch Smartphones lassen sich mittels eines Hilfsprogramms einfach und komfortabel mit

Outlook synchronisieren, sodass es dem Benutzer ermöglicht wird, auch unterwegs Termine einzutragen beziehungsweise sich an Termine erinnern zu lassen. Die Website des Herstellers: http://office.microsoft.com/de-de/outlook.

Beachtenswert ist Mozilla Sunbird, das Kalenderprogramm der Mozilla-Programmsammlung. Sunbird ergänzt damit den Webbrowser Firefox und das E-Mail-Programm Thunderbird. Die Software mit umfangreicher Kalender- und Terminplanungsfunktion ist lizenzfrei und damit völlig kostenlos im Internet zu haben. Es existieren weitere Im- und Exportfilter für verschiedene andere Dateiformate. Sunbird befindet sich in der Entwicklungsphase, bietet jedoch bereits eine stabile Funktionalität. Die Entwickler empfehlen momentan nur einen Testeinsatz. Bereits in naher Zukunft ist jedoch mit einer praxistauglichen Version zu rechnen, die eine vollwertige Alternative zu kostenpflichtigen Konkurrenzprodukten bieten soll. Download: http://www.mozilla.org/projects/calendar.

Ebenfalls erwähnenswert und ebenfalls kostenlos ist Palm Desktop: Es bringt einen Großteil der Organizer-Funktionen der Palm-PDAs auf den Computer und dient im Zusammenspiel mit weiteren Programmen zum Datenabgleich zwischen PDA und Computer. Sie können Ihre Einstellungen, ob Kalender, Aufgaben oder Kontakte, personalisieren und automatisch speichern. Um Palm Desktop zu nutzen, müssen Sie nicht unbedingt auch einen Palm-PDA besitzen, denn die Software eignet sich auch ohne die Taschencomputer für den Betrieb auf Computern. Wer aber einen Palm hat, für den ist die Software zur Datensicherung ohnehin unverzichtbar. Wem die einfachen Palm-Anwendungen ausreichen, der kann seine Daten mit der Palm-Software auch gleich verwalten und dabei Zeit sparen. Download: http://euro.palm.com/europe/de/support/win_desktop.html.

Elektronische Organizer im Taschenformat

Derzeit ist es richtig schick, mit einem elektronischen Organizer, einem sogenannten PDA (Personal Digital Assistant – englisch für persönlicher digitaler Assistent) zu arbeiten. Ob diese nun Palm, Psion oder

Windows Mobile heißen, die standardmäßig mit dem Betriebssystem mitgelieferten Grundfunktionen dieser kleinen, tragbaren Taschencomputer sind in der Regel identisch. Sie verfügen über eine Eingabemöglichkeit via Tastatur oder Schrifterkennung, meist auch mit Touchscreen, Adressbuch, Terminplaner, Kalender, Notizblock, Aufgabenplaner, E-Mail- und Projektmanagement. In den moderneren Geräten sind zudem weitere Anwendungen wie beispielsweise Internetfunktion, Textverarbeitung, Tabellenkalkulation, Taschenrechner und Spiele integriert. Moderne PDAs haben einen Farbdisplay und ermöglichen damit auch das Lesen von E-Books, die Aufnahme und Wiedergabe von Musik, gesprochenen Notizen, Fotos, Fernsehsendungen und Videos und lassen sich mit entsprechenden Zusatzmodulen auch als Navigationsgeräte nutzen. Die Batterie- oder Akkuleistung beträgt je nach Gerätetyp und Funktionsumfang zwischen wenigen Stunden und einem Monat.

 Kamera, Handy, Organizer und Diktiergerät in einem ist natürlich praktisch, aber wenn das Gerät kaputt ist, sind auch die anderen Funktionen nicht mehr nutzbar. Und wenn Sie den Akku verbraucht haben, um Fotos zu machen, können Sie auf Ihre wichtigen Daten nicht mehr zugreifen.

Ein großer Vorteil von PDAs ist, dass man sie mit speziellen Programmen (etwa beim Palm HotSync) problemlos mit dem Computer abgleichen kann. Dabei können beispielsweise E-Mails, Adressen, Termine, Textdateien, Internetinhalte, Fotos, Sprach- und Musikdateien und vieles mehr zwischen dem PDA und dem Computer ausgetauscht werden. Beide Geräte bringen sich gegenseitig auf den neuesten Stand, und die Daten werden auf dem Computer vor Systemabstürzen gesichert. Auf diesem Weg ist auch Software für unterschiedlichste und sehr spezielle Situationen aus dem Internet nachladbar. Die Übertragung erfolgt per Kabel (USB oder bei älteren Geräten seriell) oder kabellos per Infrarot- beziehungsweise Bluetoothschnittstelle. Über diese Schnittstellen kann man einen PDA auch mit einem geeigneten Mobiltelefon verbinden und über dieses auf das

Internet zugreifen. Außerdem lassen sich an einen PDA auch externe Tastaturen sowie Speicherkarten (je nach Modell) anschließen.

 PDAs haben ein Betriebssystem, das im Gegensatz zum normalen Computern oder einem Laptop nicht erst hochfahren muss, sondern sofort startet. Daher sind die Daten jederzeit griffbereit. Deshalb ist der PDA auch eine gute Alternative für zu Hause.

Im Wesentlichen haben sich auf dem Markt für mobile Organizer drei Produktfamilien etabliert: Palm mit seinem extra für die Palm-Geräte entwickelten Betriebssystem PalmOS und einem mit einem speziellen Stift zu bedienenden Touchscreen mit optischer Tastatur und Schrifterkennung (http://www.palm.com), der aufklappbare Psion mit seinem eigenen Betriebssystem EPOC und einer kleinen, mit einem Stift zu bedienenden externen Tastatur (http://www.psionteklogix.com) sowie Windows Mobile mit einer Variante des PC-Betriebssystems Windows (Windows CE und Microsoft Pocket PC) mit hoher Wiedererkennung für PC-Benutzer (http://www.microsoft.com/germany/windowsmobile). Daneben gibt es Smartphones, bei denen der Leistungsumfang eines Mobiltelefons um die Anwendungsgebiete eines PDAs erweitert ist. Der Unterschied zu den PDAs besteht darin, dass Smartphones keine alphanumerische Tastatur haben, sondern stets eine vom Handy bekannte Zifferntastatur für die Benutzung mit einer Hand aufweisen und in der Regel keinen Touchscreen haben. Die Grenzen zwischen den einzelnen Produktfamilien sind fließend: So gibt es mittlerweile auch Palms, Psions und Smartphones, die mit Windows laufen, während Microsoft als einziger Hersteller von PDA-Betriebssystemen keine eigenen PDAs herstellt.

 Bevor Sie so ein technisches Wunderwerk kaufen, schauen Sie am besten, ob Sie einen testen können. Vielen Leuten ist es angenehmer, auf Papier zu schreiben als auf einer Eingabefläche in der Größe einer Briefmarke.

Für Laien ist es auf Anhieb kaum möglich, bei der Vielzahl von Produkten und Namen zu erkennen, welches Gerät genau die Funktionen bietet, die man benötigt. Wer sich hier einen Überblick verschaffen will, wird um eine ausführliche Recherche im Internet oder die Beratung im Fachhandel nicht herumkommen. Eine erste Orientierung kann die Stiftung Warentest bieten, deren Testergebnisse jedoch nicht mehr ganz aktuell sind: Der letzte Test für mobile Organizer wurde im Jahr 2001 durchgeführt (der vollständige Testbericht kann auf der Website der Stiftung Warentest[3] kostenlos gelesen werden).

Tipp Es gibt sehr preiswerte Gebrauchtgeräte, etwa bei Ebay (http://www.ebay.de). Ihr Vorteil: Die alten Schwarz-Weiß-Displays und der geringere Arbeitsspeicher verbrauchen weniger Strom als die aktuellen Geräte, und die gebrauchten Geräte funktionieren teilweise noch mit herkömmlichen Batterien. Daher sind Sie in der Anwendung auf Dauer billiger. Ihr Nachteil: Neben dem geringeren Funktionsumfang haben manche älteren Modelle serienmäßige Fehler (etwa den Datenverlust beim Batteriewechsel). Informieren Sie sich hierüber im Internet. Und: Viele alte Geräte haben noch einen seriellen Anschluss, den Ihr moderner Computer nicht mehr hat – wenn Sie Daten abgleichen wollen, brauchen Sie also auch noch einen zusätzlichen Adapter, mit dem Sie den alten Organizer auch an einen modernen USB-Anschluss anschließen können.

Web-Organizer und Unified Messaging

Hinter diesen Begriffen steht die Vereinigung möglichst vieler unterschiedlicher Kommunikationsformen. Sie loggen sich mit einem Passwort bei Ihrem Anwender von jedem beliebigen Rechner der Welt mit Internetzugang ein und verwalten Ihre persönlichen Termine, Adressen, Aufgaben und Dateien. Besonders praktisch: Auf diese Weise

---

3 http://www.stiftung-warentest.de/online/computer_telefon/test/22566/22566.html.

können auch mehrere Personen von verschiedenen Orten der Welt auf dieselben Daten zugreifen und daran arbeiten. Dabei ersetzen die Web-Organizer die bestehenden Dienste nicht, sondern fassen sie unter einer einheitlichen Oberfläche zusammen. Noch einen Schritt weiter geht das Unified Messaging: Hier können Sie als Nutzer von verschiedenen Geräten wie Notebook, PDA oder Organizer auf Ihre Daten zugreifen oder diese von verschiedenen Endgeräten empfangen. So können Faxe und Sprachnachrichten auf der Mailbox als Anlage per E-Mail versandt oder E-Mails am Telefon vorgelesen werden.

 Es gibt zahlreiche Anbieter, etwa http://www.mytimer.de, http://www.web-organizer.ch, http://space2go oder http://www.freeoffice.de. Aber auch viele E-Mail- und Webspace-Anbieter oder Online-Netzwerke wie http://www.xing.com haben die Möglichkeit, Kontakte und Termine online zu verwalten. Die Anbieter wechseln jedoch sehr schnell, daher müssen Sie zwangsläufig selbst recherchieren. Beachten Sie: Der Unterschied zwischen kostenpflichtigen und freien Anbietern ist in der Praxis gering.

Der Verwaltungsaufwand für ein internetbasiertes Organisationssystem kann jedoch groß sein, etwa wenn alle Daten an den unterschiedlichen Speicherorten auf dem gleichen Stand gehalten werden sollen oder mehrere Leute gleichzeitig an derselben Datei arbeiten. Erschwerend kommt hinzu, dass die Systeme nicht absolut kompatibel sind. Dadurch kann es passieren, dass man unbemerkt einen verstümmelten Datensatz vom Internet beispielsweise auf seinen PDA lädt. Bei der nächsten Synchronisation des Pocket PCs mit dem Desktop ist dann guter Rat teuer, wenn der korrekte Datensatz auf dem PC vom mobilen Gerät überschrieben wird. Darüber hinaus ist es nicht hundertprozentig sicher, sensible Daten dauerhaft im Internet abzulegen, denn nicht nur die eigenen Computer, auch die Server der Anbieter sind von Viren und Hackern bedroht. Wer diese Zusatzfunktionen nicht wirklich benötigt, ist mit der Lösung Software auf dem Notebook beziehungsweise einem PDA besser bedient. Die Daten haben Sie dann ohnehin dabei und wissen auch, was Sie daran geändert haben. Zudem sind die Daten in Ihrer Tasche sicherer als im Internet. Einen Web-Organizer können Sie höchstens als zusätzlichen Speicherort einrichten – falls Ihr PDA plötzlich versagt und Sie dennoch die Daten benötigen. Denken Sie aber auch hier daran, dass Sie mehrere Systeme nebeneinander pflegen müssen und dass das wieder Zeit kostet.

Checkliste: Für welche Aufgaben ist ein Web-Organizer sinnvoll?

- Weiterleitung von E-Mails bei Abwesenheit und Abruf über das Internet von unterwegs
- Vorlesen von E-Mails am Telefon bei nicht verfügbarem Internetzugang
- Verfügbarmachen von Daten weltweit in den virtuellen Ordnern im Web, Zugriff auch per PDA jederzeit möglich. Die Daten können von verschiedenen Leuten gleichzeitig bearbeitet werden (Achtung: Problem des Datenabgleichs!)
- Verwaltung unterschiedlicher E-Mail-Konten unter einheitlicher Oberfläche
- Faxempfang und Faxversand ohne Faxgerät beziehungsweise Faxsoftware, der heimische PC mit Modem braucht nicht ständig online zu bleiben
- Virtueller Anrufbeantworter, der Anrufe als Voice-Mail über das Internet weiterleitet

Gestalten Sie Ihre Arbeitsumgebung

Zum vernünftigen Arbeiten gehört die richtige Arbeitsumgebung. Natürlich ist der Arbeitsplatz von Beruf zu Beruf verschieden: Der eine besitzt nur einen Computer, der andere unterrichtet, der dritte hat eine Werkstatt, der vierte einen Laden. Etwas müssen jedoch alle Selbstständigen eigenhändig organisieren: die Verwaltung. Vielleicht kennen Sie den Spruch: Wer seine Buchhaltung im Griff hat, hat auch seine

Firma im Griff! Das lässt sich auch auf die gesamte Verwaltung erweitern: Wer den Überblick über Termine, Adressen, Kunden, Projekte, die Finanzen und die Buchhaltung hat, der hat seine Firma im Griff. Wichtig ist daher, dass Sie eine Verwaltungszentrale haben, von der aus Sie agieren und planen. Den strategischen Mittelpunkt Ihrer Firma sozusagen.

Wo erledigen Sie Ihre Verwaltungsarbeit?

Das muss kein teuer eingerichteter Raum sein, vielleicht ist noch nicht einmal ein eigener Raum vonnöten. Doch Sie benötigen einen Platz, an den Sie sich zurückziehen können, um wichtige Angelegenheiten zu regeln. Das bedeutet nicht, dass dies der Mittelpunkt ihrer selbstständigen Tätigkeit sein muss, wie es das Steuerrecht für die steuerliche Absetzbarkeit von Arbeitsbereichen vorsieht, aber dieser Platz sollte zumindest der Mittelpunkt Ihrer Verwaltung und Buchhaltung werden. Wo Sie ihn einrichten, hängt im Wesentlichen von Ihren räumlichen Gegebenheiten ab und davon, wo Sie Ihre Verwaltungsarbeiten erledigen.

Wenn Sie vorrangig zu Hause arbeiten

Wenn Sie zu Hause arbeiten, werden Sie wie die meisten Selbstständigen ein eigenes Arbeitszimmer oder Büro eingerichtet haben. Das Büro kann auch nur aus einer Ecke oder einem Laptop bestehen. Wichtig ist, dass der Arbeitsbereich deutlich vom privaten Bereich abgegrenzt ist und dass Sie hier ungestört wirken können. Die Abgrenzung muss nicht unbedingt räumlich sein. Es reicht, wenn Sie sich ein klares Signal setzen, wenn Sie Ihren Arbeitsbereich verlassen – etwa indem Sie den Computer ausschalten. Wichtig ist, dass sich nicht Ihre ganze Wohnung zum Arbeitsbereich wandelt – die Gefahr ist in kleineren Wohnungen und bei Solo-Selbstständigen leider gegeben. Raum für andere Dinge muss unbedingt bleiben.

Wenn Sie ein Extra-Büro angemietet haben

In diesem Fall ist die Abgrenzung zum Privatbereich schon gegeben. Wenn Sie in einer Bürogemeinschaft sitzen, sollten Sie dafür sorgen, dass Sie auch hier ungestört arbeiten können.

Wenn Sie an mehreren Orten arbeiten

Wenn Sie außerhalb und zu Hause arbeiten wollen, sollten Sie beide Arbeitsbereiche ungefähr gleich einrichten, damit die Arbeitsabläufe routinierter ablaufen. Eine Alternative dazu ist das mobile Arbeiten, dann haben Sie, egal ob im Büro, im Auto, zu Hause oder bei Kunden, das Wichtigste immer bei sich. Allerdings benötigen Sie hierzu die passende Ausrüstung – etwa eine Tasche für die notwendigsten Akten und mobile Arbeitsgeräte wie Handy und Laptop. Auch hier sollten Sie Ihr System gut strukturieren – die Gefahr, dass Chaos entsteht, ist besonders groß.

Die Grundausstattung für Ihre Verwaltungszentrale

Wo Sie auch immer arbeiten: Für Ihre Verwaltungszentrale sollten Sie sich einige Arbeitsmittel anschaffen, die Sie bei einer optimalen Arbeit und bei Ihrer Organisation unterstützen. Dazu gehören:

❑ Ein Schreibtisch mit einem bequemen, rückenfreundlichen Stuhl
❑ Stifte, immer griffbereit und funktionstüchtig (gespitzter Bleistift, funktionierender Kugelschreiber usw.)
❑ Hilfsmittel für Zeitplanung (Kalender, Organizer, Palm) oder Adressen (zum Beispiel Karteikasten). Umfangreiche Hilfestellungen finden Sie im vorherigen Kapitel.
❑ Computer mit Internetzugang (selbst wenn Sie sonst kein Internet brauchen: Die Umsatzsteuererklärung können Sie nur via Internet abgeben). Der Computer hilft auch beim Archivieren: Viele Dokumente lassen sich hier platzsparend und ordentlich aufbewahren.

So bieten manche Banken die Option Online-Kontoauszüge an, Telefonanbieter versenden Online-Telefonrechnungen usw.

 Sie können auf dem Computer für jedes Thema einen eigenen Ordner anlegen. Zusätzlich werden Sie hier durch eine Suchfunktion unterstützt. Sie sollten jedoch nicht zu viele Unterordner anlegen, da sich die Daten sonst nur schlecht auf CD oder DVD brennen lassen. Ob Sie diese Methode auch im Hinblick auf einen möglichen Datenverlust auf Ihrem Computer sicher genug finden und doch lieber ausdrucken, bleibt Ihnen überlassen. Praktisch ist es allemal. Auf jeden Fall sollten Sie diese Daten regelmäßig sichern!

❏ Ablagebehälter für Papiere: Zu den Papieren zählt in diesem Fall alles, was Ihnen bei Ihrer Arbeit in die Quere kommt, von wichtigen Dokumenten über Zeitschriftenartikel bis zu Werbung und fliegenden Blätter. Sie brauchen drei Ablagebehälter: Einen für eingehende, einen für ausgehende Dokumente, Informationen, Briefe usw. und einen für Material, das Sie noch durchsehen möchten.

 Bemessen Sie die Ablagen nicht so großzügig: Wenigstens ein- bis zweimal in der Woche sollten Sie Ihre Körbe durchsehen und die Papiere in Ihr System einordnen oder wegwerfen. Wenn Sie länger sammeln, müllen Sie sich zu und es entsteht Chaos. Zu diesem Zweck muss die Ablage auch gut sichtbar sein, damit Sie die zu erledigenden Arbeitsgänge stets im Blick haben.

❏ Archivierung für Papiere: Hier kommt es zunächst auf Ihre Bedürfnisse, Ihren persönlichen Geschmack und den Stauraum an. Vielleicht brauchen Sie je einen Ordner für Bankunterlagen, Telefonrechnungen, Versicherungsunterlagen, Verträge, Arbeitsproben oder Ähnliches? Bevorzugen Sie Ordner und Regale, Schränke mit Schiebetüren und Stehsammlern oder Aktenschränke mit Hängeregistern? Erstere sind preiswerter und platzsparender, in Letzteren können Sie Ihre Papiere schneller ordentlich unterbringen und wiederfinden.

 Es sollte Sie weniger als drei Minuten kosten, etwas aus dem Eingangsbehälter zu nehmen und es so abzulegen, dass Sie es jederzeit gut wiederfinden können. Das erfordert eine entsprechende Einrichtung – beispielsweise keine Regale bis zur Decke, bei denen Sie erst auf einen Stuhl steigen müssen, um die Ordner zu erreichen. Und wenn Sie einwenden, dass Sie nicht genug Platz haben, um Ihre Akten optimal anzuordnen: Je mehr Stauraum Sie einplanen, desto mehr werden Sie diesen auch mit irgendwelchen Dingen füllen. Planen Sie also nur so viel Stauraum wie notwendig.

❑ Ein Papierkorb, in den Sie rigoros werfen, was Sie nicht mehr brauchen, und den Sie regelmäßig leeren: Wegschmeißen ist immer noch die effizienteste Form, Ordnung zu halten. Und falls Sie Angst haben, dass Sie später etwas doch noch benötigen könnten: Wenn Sie nichts wegwerfen, werden Sie auch immer seltener schnell das Gesuchte finden.

❑ Notizzettel, die immer griffbereit liegen und auf denen Sie schnell etwas notieren können, sowie einen Ort, wo Sie die Notizzettel dann ablegen. Das sollte nicht der Eingangskorb sein, da Sie hier Ihre wichtigen Notizen verlieren können. Möglich ist eine Pinnwand oder auch (platzsparend) ein Aufspieß-Gerät auf dem Schreibtisch. Probieren Sie aus, was Ihnen am meisten liegt. Wichtig ist, dass Sie auch die Notizzettel immer im Blick haben und Termine, Adressen und Aufgaben regelmäßig in Ihr Ordnungssystem übertragen.

 EDV-Notizsysteme, etwa virtuelle Klebezettel auf dem Computer oder ein Palm mit Schrifterkennung, haben sich für schnelle Notizen nicht bewährt, denn das Notieren dauert zu lange und das Übertragen der Daten ist meistens umständlich.

❏ Drucker: Auch wenn vieles mittlerweile auf elektronischem Wege geht, muss einiges immer noch ausgedruckt werden. Sehr praktisch sind Kombigeräte, die gleichzeitig als Scanner und Tischkopierer fungieren. Achten Sie jedoch darauf, dass jede Tintenfarbe eine getrennte Kammer hat. Bei manchen Geräten müssen zudem alle Patronen, auch die Farbpatronen, eingesetzt sein, damit Sie etwas ausdrucken können. Wenn Sie häufiger etwas ausdrucken, sollten Sie Ihren Drucker am Strom angeschlossen lassen – bei jedem Neuanschluss reinigt sich der Drucker und verbraucht dabei Tinte.

Ordnungssysteme

Nicht nur die Arbeitsmittel, auch ein effizientes Ordnungssystem hilft Ihnen, den Überblick zu behalten und produktiv zu arbeiten. Vielleicht haben Sie am Anfang Ihrer Selbstständigkeit mit besten Vorsätzen ein gutes System geschaffen, doch nach einiger Zeit stapeln sich dennoch die Unterlagen auf Ihrem Schreibtisch? Das liegt vermutlich daran, dass Sie Ihr System inkonsequent nutzen. Vielleicht erkennen Sie sich in einer oder mehreren der folgenden sehr typischen Situationen wieder (die Lösung des Problems finden Sie gleich dazu). Vielleicht ist aber auch Ihr Ordnungssystem nicht optimal – dann sollten Sie den Tipp weiter unten als Anregung nutzen, dieses gründlich umzukrempeln.

 Natürlich kostet ein gutes Ordnungssystem Zeit und Geld. Aber letztendlich sparen Sie Zeit und holen sich das Geld über einen Mehrverdienst wieder herein.

Problemsituation	Problemlösung
Sie wissen nicht, wo Sie ein Dokument einsortieren sollen, etwa bei den Projekten oder den Briefen.	Schaffen Sie ein einheitliches, am besten alphabetisches Ordnungssystem, dann wissen Sie jederzeit, wo etwas hin muss und wo Sie es suchen müssen.

Um ein Dokument abzulegen, müssen Sie erst einen Ordner hervorkramen, auf den Stuhl steigen oder in einen anderen Raum gehen.	Sie sollten nicht länger als 1–2 Minuten brauchen, um etwas aus der Ablage zu nehmen und in Ihr System einzuordnen. Wenn Sie mehr Zeit benötigen, vergeht Ihnen die Lust zu sortieren und Sie machen es nicht mehr. Daher: Ändern Sie etwas.
Schon beim Öffnen der Aktenschublade quillt Ihnen ein Papierberg entgegen, und auch Ihre Ablage auf dem Schreibtisch ist überfüllt. Damit die Unterlagen nicht untergehen, legen Sie sie aufs Regal – ein neuer Haufen.	Schmeißen Sie regelmäßig weg. Gehen Sie Ihr »Archiv« wenigstens einmal pro Halbjahr durch und sortieren Sie Ihre Ablage mindestens einmal pro Woche. Wenn es gar nicht anders geht, erweitern Sie Ihr Ordnungssystem, wenn der Platz dafür mehr als dreiviertel voll ist.
Sie finden Dinge, die Sie im Moment nicht brauchen können, z.B. die Werbung für einen Vortrag, Ihre Einfälle für ein Projekt für das kommende Jahr. Später werden Sie das aber vermutlich benötigen.	Notieren Sie solche Dinge in Ihrem Terminkalender, möglichst mit Zeitangabe, und beginnen Sie eine Liste »Vielleicht irgendwann«. So bekommen Sie die Angelegenheit aus dem Kopf und vom Tisch.
Sie finden auf Ihrem Schreibtisch Informationsmaterial, das Sie vielleicht später noch brauchen können, aber wissen jetzt nicht wohin damit.	Können Sie die Informationen direkt in Ihr System einsortieren? Wenn nicht, brauchen Sie die Informationen wahrscheinlich nie. Weg damit!
Sie stoßen beim Aufräumen auf Dinge, bei denen Sie sich nicht entscheiden können, ob Sie sie noch brauchen oder nicht.	Seien Sie rigoros und leben Sie nach einem grundsätzlichen Prinzip: Im Zweifel weg damit! Das meiste kann man ohnehin wiederbeschaffen.

Der Vorteil eines alphabetischen Ordnungssystems

Die meisten Menschen neigen dazu, Ihre Unterlagen thematisch zu sortieren. Aber dieses System birgt Probleme: Haben Sie nicht auch schon einmal überlegt, ob ein Dokument nun besser zu diesem oder jenem Thema gehört oder wo Sie es hinterher suchen sollen?

 Wenn Sie Ihre Unterlagen nach Interessensgebieten, Projekten (die sich ändern und erweitern können) oder Themen sortieren, haben Sie vermutlich viel mehr potenzielle Ablageorte und brauchen länger zum Suchen.

Besser ist es, Sie sortieren alphabetisch. Sie können die Unterlagen wahlweise alphabetisch nach Person, Projekt oder übergeordnetem Thema sortieren. Wenn Sie dann vergessen haben, wo Sie die Unterlagen abgelegt haben, müssen Sie nur nach dem betreffenden Buchstaben in einer dieser drei Kategorien suchen.

z.B. Der Vertrag mit Kunde A über Projekt C zum Themenkreis W. Wenn Sie Ihre Unterlagen nach Personen sortieren, dann stecken Sie den Vertrag unter A. Wenn Sie nach Projekten ordnen, stecken Sie Ihn unter C. Aber selbst wenn Sie etwas chaotisch sind und Ihre Unterlagen mal nach Personen einsortieren, mal (zum Beispiel weil keine Personen genannt sind) nach Themen oder Projekten, dann kann der Vertrag entweder nur bei A, C oder W liegen.

Aufräumen in einer Stunde

❑ Wenn Sie wirklich einmal aufräumen müssen, weil Sie trotz Ordnungssystem den Überblick verloren haben, können Sie das in einer Stunde schaffen. Für jeden Arbeitsschritt brauchen Sie 15 Minuten. Niemand darf Sie stören. Stellen Sie sich für jeden Schritt die Uhr oder einen Wecker auf 15 Minuten.

❏ In den ersten 15 Minuten entwickeln Sie eine Strategie: Was ist das Ziel Ihrer Aufräumaktion? Wie soll Ihre Verwaltungszentrale am Ende aussehen? Bereiten Sie die nötigen Werkzeuge zum Aufräumen vor, etwa Müllbehälter und Ablage, und stellen Sie sicher, dass in Ihrem Ordnungssystem genug Platz ist, die herumliegenden Gegenstände aufzunehmen. Wenn Sie die erste Viertelstunde zu einer optimalen Planung nutzen, können Sie den Rest viel besser und schneller erledigen.

❏ Wenn Sie die Planungsphase abgeschlossen haben, stellen Sie die Uhr oder den Wecker wieder auf 15 Minuten. Nehmen Sie alles, was herumliegt, und legen es auf einen der drei Haufen: A für Papiere und Dinge, die Sie noch behalten wollen. B für Papiere, die Sie noch durchsehen müssen. C für Papiere und Dinge, die Sie wegwerfen wollen. Die schmeißen Sie am besten gleich in die vorher vorbereiteten Abfallbehälter. Wenn die Uhr oder der Wecker piept, müssen Sie fertig sein. Im Raum sollte nun außer den Haufen nichts mehr herumliegen.

❏ Nun kommt der schwierigste Schritt: Sie haben wieder nur 15 Minuten, um die Papiere von Haufen B durchzusehen und zu entscheiden, ob Sie diese noch brauchen oder wegwerfen wollen. Wenn Sie sie noch benötigen, legen Sie sie auf Haufen A. Sie sollten aber auch gleich wissen, wo der Platz dafür in Ihrem Ordnungssystem sein soll. Sonst wandert alles sofort zu C in den Abfallbehälter. Sie werden sehen: Durch den Zeitdruck entscheiden Sie viel rigoroser – im Zweifel wegwerfen! Wenn auch diese 15 Minuten um sind, sollten nur noch Haufen A und der Müllbehälter übrig sein.

❏ Sie haben weitere 15 Minuten, um die Dinge von Haufen A in Ihr Ordnungssystem einzuordnen. Nun zeigt sich, wie gut Ihr System ist, wie gut Sie geplant und wie rigoros Sie entrümpelt haben. Wenn Sie die Aufgabe nicht in 15 Minuten bewältigen können, sollten Sie diese drei Aspekte nochmals überdenken. Zum Schluss müssen Sie nur noch den Müll rausbringen – fertig!

4.

Umsetzung – Lernen Sie den Umgang mit Stolpersteinen, Entscheidungen und Misserfolgen

Nun wissen Sie, wie Sie sich auch in schwierigen Situationen selbst motivieren können. Außerdem haben Sie die Grundlagen einer vernünftigen Arbeitsorganisation kennengelernt. Doch damit ist es nicht getan: Erst wenn Sie Ihre Planung im Arbeitsalltag und vor allem in stressigen Situationen konsequent umsetzen, ist Ihre Arbeitsorganisation erfolgreich. Das bedeutet keinesfalls, dass Sie Ihre Planung sofort von Anfang bis Ende stur einhalten müssen – das gelingt Ihnen wahrscheinlich auch gar nicht, denn die Probleme, die Sie in Ihrer Arbeitsorganisation haben, sind Verhaltensweisen, die Sie sich in vielen Jahren angewöhnt haben. Doch Sie können umlernen. Das geht aber nur, indem Sie langsam und mit Geduld neue Verhaltensweisen einüben und die alten dadurch ersetzen.

z.B. Herr P. verliert sehr viel Zeit damit, seine Termine zu koordinieren, da er sie immer auf lose Zettel schreibt und an die Pinnwand heftet. Das Verhalten stammt noch aus seiner Studienzeit, als Herr P. sich nur wenige Daten merken musste. Er überträgt zunächst immer nur die wichtigsten Termine in einen Kalender. Bald merkt er, wie praktisch das ist und gewöhnt sich an, alle Termine in einen Kalender zu übertragen.

Wenn Sie Ihre Planung umsetzen wollen, ist es aber auch wichtig, dass Sie wissen, welche persönlichen Faktoren einem optimalen Zeitmanagement im Wege stehen. Außerdem sollten Sie herausfinden, welche Arbeitsgänge Sie vereinfachen können, um Zeit zu sparen. Wie Sie dabei vorgehen, zeigen Ihnen die nachfolgenden Kapitel. Als Unternehmer müssen Sie zudem ständig eigenverantwortliche große und kleine Entscheidungen treffen. Je schneller und sicherer sie das tun, desto besser läuft Ihre Arbeitsorganisation. Vor großer Bedeutung ist darüber hinaus Ihre Fähigkeit, aus Fehlern und Misserfolgen zu lernen und diese in Erfolge zu verwandeln. Für beides gibt es entsprechende Techniken, die Sie sich ebenfalls in diesem Teil des Buches aneignen können.

Es kommt anders, als man denkt – warum eigentlich?

z.B. Herr G. will seine Zeit in Zukunft genau planen und sich an diesen Plan auch halten. Doch bald merkt er, dass trotz genauester Planung die Dinge nicht so laufen, wie er sich das vorgestellt hat. »In der Theorie klingt das ja alles ganz nett, aber in der Praxis sieht das anders aus, denn da muss ich flexibel reagieren, und dafür ist die ganze Planerei einfach zu unspontan«, redet er sich seinen Frust schön und schiebt mit dieser Ausrede das Thema Zeitmanagement erst mal zur Seite.

So weit muss es gar nicht kommen. Natürlich sind im Berufsleben, wie wir schon gesehen haben, oft äußere Faktoren daran schuld, dass Sie nicht alles schaffen, was Sie sich vorgenommen haben: schwierige Kunden, ein defekter Computer, insolvente Auftraggeber oder eine Autopanne. Darauf haben Sie leider keinen Einfluss. Doch es kommt auch darauf an, wie Sie mit solchen Schwierigkeiten umgehen. Und manche Faktoren, die Ihr erfolgreiches Selbstmanagement verhindern, sind schlicht hausgemacht. Wenn Sie Probleme haben, Ihre Planung wirklich konkret umzusetzen, sollten Sie dieses Kapitel besonders gründlich lesen.

Überwinden Sie den »inneren Schweinehund«

Durch die gründliche Lektüre dieses Buches haben Sie zwar den ersten Schritt zu einem optimalen Selbstmanagement getan – aber eben nur den ersten Schritt. Damit es konkret weitergeht, müssen Sie die Veränderung auch wirklich wollen. Wenn das nicht der Fall ist, werden Sie Ihre Planung nicht konsequent genug im oft stressigen Arbeitsalltag umsetzen. Haben Sie dabei Geduld mit sich selbst: Sie können nicht sofort all ihre Angewohnheiten ändern. Wenn Sie sich zu viel auf einmal vornehmen, werden Sie scheitern und dann vermutlich vorschnell frustriert aufgeben. Um das zu verhindern, sollten Sie sich zunächst einmal klarmachen, wo sich bei Ihnen der »innere Schweinehund« zeigt, der Sie an der Umsetzung Ihrer Planung hindert. Überlegen Sie, wann Sie ähnliche Ausreden benutzen wie Herr G. in dem Beispiel oben. Analysieren Sie dann, welche Motive hinter diesen Ausreden stecken. Wenn Sie wissen, wo die eigentliche Ursache liegt, können Sie meistens gleich dagegen vorgehen. Die folgende Übersicht soll Ihnen dabei helfen:

Ausrede	Ursache dahinter	Ihre Vorgehensweise
»Heute habe ich zu viel zu tun, ich fange morgen mit der Umsetzung an.«	Sie schieben die Umsetzung auf.	Beginnen Sie sofort mit der Umsetzung, denn Sie haben keine Zeit zu verlieren. Machen Sie sich einen Zeitplan, wann Sie welchen Planungsschritt umsetzen wollen, damit Sie am Ball bleiben.
»Da ist so viel zu beachten, ich weiß gar nicht, wo anzufangen, und am Ende bleibe ich doch nicht bei der Sache.«	Sie wollen alle Tipps auf einmal umsetzen und verlieren dabei den Überblick und die Lust.	Beginnen Sie mit überschaubaren Problemen. Ein Schritt nach dem anderen. Machen Sie nicht zu viel auf einmal. Bleiben Sie geduldig und optimistisch.
»Das sind so viele verschiedene Methoden, ich weiß gar nicht, mit welcher ich anfangen will.«	Sie wollen alle Zeitmanagementmethoden auf einmal ausprobieren, statt herauszufinden, welche für Sie ideal ist.	Planen Sie, mit welchen Methoden Sie beginnen wollen. Sie müssen nicht alle Methoden ausprobieren, es reicht, wenn Sie einige wenige versuchen (Pareto-Prinzip), sonst laufen Sie Gefahr, sich zu verzetteln. Finden Sie heraus, welche Methode Ihnen am meisten liegt.

»Manche Tipps sind so banal, das lohnt sich gar nicht, dass ich mich damit beschäftige!«	Sie glauben, einfache Methoden seien weniger hilfreich, weil Sie so einfach sind und Sie das ohnehin so machen würden.	Probieren Sie auch einfache Methoden aus. Sie werden überrascht sein, wie effektiv auch solche Techniken sein können. Wenn Sie auch selbst darauf gekommen wären – umso besser!
»Ich kann ja mal anfangen, aber ich bleibe eh nicht bei der Sache.«	Sie sind bei der Umsetzung einfach inkonsequent.	Bleiben Sie konsequent. Machen Sie sich klar, wie wichtig Zeitmanagement für optimales Arbeiten ist. Belohnen Sie sich selbst für die Umsetzung auch einzelner Techniken (mehr dazu erfahren Sie unten). Auch kleine Schritte bringen weiter. Schauen Sie sich die anderen Ausreden an: Was hindert Sie an einer konsequenten Umsetzung?
»Wenn ich zu viel plane, kann ich nicht flexibel reagieren.« Oder: »Zeitmanagement ist nur effektiv, wenn ich wirklich alles umsetze.«	Das sind zwei extreme Positionen, die sich auf ein und dieselbe Sache beziehen. Sie glauben entweder, Zeitmanagement ist total unnötig oder nur effektiv, wenn Sie alles umsetzen.	Vermeiden Sie Perfektionismus. Die Haltung, entweder alles zu machen oder gar nichts, bringt Sie nicht weiter. Vergegenwärtigen Sie sich, dass auch kleine Verbesserungen schon ein Erfolg sind.

| »Ich habe einige Techniken ausprobiert, aber ich weiß nicht recht, ob das sinnvoll ist. « | Sie haben keine Möglichkeit, Ihren Erfolg zu überprüfen. Dadurch könnten Sie die Lust verlieren. | Prüfen Sie, ob sich schon etwas verbessert hat – z.B. indem Sie schauen, ob Sie den Vertrag mit sich selbst (siehe unten) eingehalten haben. Oder bitten Sie jemand anderen um ein Feedback. Wichtig: Wenn Sie Verbesserungen feststellen, werden Sie weitermachen. |

Wenn Sie immer noch unsicher sind, ob Sie Ihre Planung auch konsequent umsetzen werden, greifen Sie zu einem ungewöhnlichen Hilfsmittel: Schreiben Sie genau auf, wie Sie sich die Umsetzung ihres persönlichen Selbstmanagementprogramms in den nächsten vier Wochen vorstellen. Terminieren Sie möglichst exakt, wann Sie welche Vorgabe erreicht haben wollen. Nehmen Sie sich dabei nicht zu viel vor. Machen Sie sich beim Aufschreiben nochmals Ihre persönlichen Ziele klar, vergegenwärtigen Sie sich, wo Ihre Stärken und Schwächen liegen und welche Methoden und Hilfsmittel Sie einsetzen wollen. Sie können sich nun eine andere Person suchen – etwa einen Partner oder Freund –, die anhand dieses Plans kontrolliert, ob Sie die Vorsätze eingehalten haben. Sie können auch kleinere Sanktionen und Belohnungen vereinbaren. Vielleicht motiviert Sie dieser Druck von außen, konsequent am Ball zu bleiben. Vielleicht reicht es sogar, wenn Sie sich mit jemandem zusammentun, der ebenfalls seine Arbeitsorganisation verbessern will, und Sie motivieren sich von nun an gegenseitig. Sie können Ihre Vorgaben aber auch als Vertrag mit sich selbst formulieren: Treffen Sie klare Absprachen und setzen Sie Datum und Unterschrift darunter. Vereinbaren Sie kleinere Sanktionen, falls Sie vertragsbrüchig werden.

Sagen Sie manchmal Nein – auch zu Kunden

Weiter oben haben Sie erfahren, dass Sie in Ihrem Zeitbudget 40 Prozent für unvorhergesehene Ereignisse einplanen sollten. Dennoch kann es sein, dass diese 40 Prozent freie Zeit nicht ausreichen, etwa weil Sie es nicht schaffen, anderen Menschen Bitten und Wünsche abzuschlagen. Dahinter können sehr emotionale Motive stecken, etwa die Angst, jemanden mit einer Absage zu kränken, der Wunsch, zu gefallen, oder das Bedürfnis, anderen helfen zu wollen. Was Sie in einer solchen Situation tun, zeigen Ihnen die unten dargestellten Tipps.

 Der Ton macht die Musik – gerade beim Neinsagen. Wenn sie sich bedrängt oder überfordert fühlen, neigen viele Menschen dazu, übertrieben heftig und unfreundlich Nein zu sagen. Bleiben Sie stets höflich und verpacken Sie Ihre Ablehnung geschickt, wie es Ihnen die Beispiele unten zeigen.

Als Selbstständiger sehen Sie sich mit einem besonderen Problem konfrontiert: Sie müssen Geld verdienen und daher so viele Aufträge wie möglich annehmen. Gleichzeitig wollen Sie sich am Markt etablieren und jedem Kunden einen möglichst optimalen Service bieten, der ihnen allerdings in der Regel zunächst kein zusätzliches Einkommen einbringt (auch wenn sich guter Service langfristig durch Kundenbindung und positive Mundpropaganda sicherlich auszahlt). Allerdings tun Sie sich keinen Gefallen, wenn Sie versuchen, alle Aufträge anzunehmen und alle Wünsche Ihrer Kunden zu erfüllen. Sie können dann bald nichts mehr gründlich und zuverlässig erledigen, verpassen Termine und müssen schließlich doch absagen, weil Sie einfach keine Wahl haben. Ihre Kunden sind dann unzufriedener, als wenn Sie gleich abgelehnt hätten, denn auch sie haben Vorgaben und Pläne, die einzuhalten sind. Jetzt können sie das wegen Ihrer Fehlplanung vielleicht nicht mehr. Sie verlieren das Vertrauen in Ihre Firma und gelten bald als jemand, der unentschlossen zwar alles ein bisschen, aber nichts richtig macht. Besser ist es da, sich auf seine Zielsetzung (siehe oben) zu besinnen und entschlossen im richtigen Augenblick Nein zu sagen. Die folgenden Beispiele zeigen Situationen, wie Sie bei Selbstständigen typischerweise vorkommen können. Die Tipps erläutern, wie Sie das jeweilige Dilemma lösen können.

Dilemma	Lösung	Der Tipp für Sie
Frau W. ist Beraterin für Kommunikation. Eine Kundin wird im Büro gemobbt. Frau W. fühlt sich überfordert, weil psychologische Konfliktlösung nicht ihr Gebiet ist. Aber die Kundin tut ihr leid, sie möchte ihr helfen und verbringt selbst schlaflose Nächte.	Frau W. erläutert ihrer Kundin genau, was sie für sie tun kann: die Kommunikation analysieren und Schlagfertigkeit trainieren. Für die psychologischen Probleme verweist Frau W. jedoch an einen entsprechenden Fachmann. Die Kundin ist zufrieden und sucht neben der Kommunikationsberatung noch einen Psychologen auf.	Machen Sie das persönliche Problem Ihres Kunden nicht zu Ihrem eigenen, wenn es nichts mit Ihrem Unternehmen zu tun hat. Sie sind nicht für alles verantwortlich. Suchen Sie nach der besten Alternative für SICH und den Kunden!
Journalist P. sitzt bereits an einem großen Artikel, als ihm ein zweiter angetragen wird, der ihm sehr wichtig ist. Beide gleichzeitig wird er nicht schaffen. Entweder er übernimmt auch den zweiten oder nicht. Oder?	Journalist P. erklärt seinem Auftraggeber die Situation. Gemeinsam finden Sie eine Lösung: Das zweite Projekt lässt sich in eine Artikelserie splitten, sodass zunächst weniger Aufwand entsteht. Der zweite Teil kommt später.	Es gibt immer mehrer Alternativen, nicht nur Ja oder Nein. Bieten Sie dem Kunden Ausweichmöglichkeiten, finden Sie gemeinsam Alternativen. Mit den meisten Kunden kann man verhandeln, wenn man die Sachlage erläutert.

Herr G. hat sich als Antiquitätenhändler und -restaurator auf den spanischen Jugendstil spezialisiert. Ein potenzieller Neukunde wünscht sich die Restauration einer Biedermeierkommode. Der Auftrag würde gutes Geld bringen, aber Herr G. ist hierfür kein Fachmann: Er müsste sich erst neu einarbeiten und unter diesem Zeitaufwand würden andere Aufträge leiden.	Herr G. lehnt den Auftrag ab. Aber er erklärt dem Kunden, dass sein Profil nicht zu dem Auftrag passt und verweist an ein anderes Kleinunternehmen, dass sich genau auf den Kundenwunsch spezialisiert hat. Der Kunde wird Herrn G. als vertrauensvollen Ansprechpartner im Hinterkopf behalten und weiterempfehlen.	Sagen Sie nicht einfach Nein, denn das wirkt abweisend, sondern begründen Sie, warum Sie im Moment keine Zeit haben oder jemand anders besser für die Aufgabe geeignet ist.
Schreiner C. hat einen Schrank gebaut und geliefert. Der Kunde fragt nun, wie viel die Montage noch kostet. Gleichzeitig erwähnt er, dass er in nächster Zeit auch noch einen großen Esstisch mit Stühlen in Auftrag geben möchte, wenn der Preis stimmt.	Schreiner C. hat die Wahl: Er bietet die Montage kostenlos oder zum kleinen Preis an, um den Kunden an sich zu binden. Eine Garantie auf den Folgeauftrag hat er aber nicht, gleichzeitig vernachlässigt er wichtige Arbeit, die direkt Geld bringt. Oder er verlangt den regulären Montagepreis. Wenn der Kunde das nicht zahlt, verzichtet er auf den Montageauftrag.	Entscheiden Sie bewusst. Bedenken Sie, was Ihre ursprüngliche Zielsetzung war (guter Service, niedrige Preise, schnelle Arbeit oder Ähnliches), und setzen Sie danach die Prioritäten. Und nur weil Sie Nein sagen können, müssen Sie das nicht tun. Sie haben die freie Wahl, was Sie annehmen und was nicht – immer!

Frau H. ist Webdesignerin und Netzwerkadministratorin. Aber ihr Hauptkunde kommt immer wieder auch mit kleineren Computerproblemen zu ihr.	Frau H. bietet dem Kunden als besonderen Service eine Computerschulung an, da sie leider, wie sie angibt, in den kommenden Monaten wegen eines wichtigen Projektes oft unterwegs sein wird.	Bieten Sie Hilfe zur Selbsthilfe. Erklären Sie dem Kunden einmal, wie es geht. Wenn er dann immer wieder zu Ihnen kommt, ist klar, dass der Kunde, der es jetzt besser wissen müsste, nur bequem ist. Dann können Sie mit gutem Gewissen den Extraservice in Rechnung stellen.

Tipp Ein klares, möglichst eng gefasstes Leistungsprofil Ihres Unternehmens hilft Ihnen, Nein zu sagen. Es macht Ihren Kunden von vornherein klar, auf welche Leistungen Sie spezialisiert sind und welchen Service Sie nicht anbieten. Wenn dann jemand fragt: »Machen Sie auch …«, können Sie mit gutem Gewissen ablehnen. In diesem Fall schafft das Nein sogar Vertrauen, weil Ihre Kunden genau wissen, auf was Sie sich einstellen können und woran sie bei Ihnen sind.

Verzetteln Sie sich nicht

Vielleicht kennen Sie das: Sie wollten nur mal schnell ein paar Rechnungen schreiben, im Internet nach den neuesten Nachrichten aus Ihrer Branche suchen oder ein neues Programm auf den Computer einspielen. Sie tun dies und das – und plötzlich, ohne dass Sie es gemerkt haben, ist der Tag herum und zu Ihrer eigentliche Arbeit sind Sie gar nicht gekommen. Stattdessen haben Sie sich mit lauter Kleinigkeiten verzettelt und wissen nicht, wo Ihre Zeit geblieben ist. Wenn Sie jedoch, wie oben bereits beschrieben, analysiert haben, mit welchen Tätigkeiten Sie Ihre Zeit herumbringen, können Sie das Verfliegen der

Zeit nachvollziehen: Betrachten Sie sich nochmals Ihre Auflistung und richten Sie Ihr Augenmerk nicht nur darauf, wie viel Zeit Sie sinnvoll effektiv gearbeitet oder in Pausen entspannt haben, sondern auch, wie viel Zeit von Ihnen unnötig vertrödelt wurde. Gegen diesen Zeitverlust können Sie nun methodisch vorgehen.

Schritt 1: Müssen Sie diese Arbeit jetzt auf diese Weise machen?

Hinterfragen Sie zunächst den Sinn Ihrer zeitraubenden Aktivitäten. Das nachfolgende Schema verdeutlicht Ihnen nochmals, wie Sie dabei systematisch vorgehen. Manche Tätigkeiten stellen sich nach einer eingehenden Analyse als notwendig heraus, müssen aber anders organisiert werden (wie, zeigt Ihnen Schritt 2). Von vielen anderen Arbeiten können Sie sich jedoch entlasten. Dazu gehören zunächst Routineaufgaben, die Sie nur noch aus alter Gewohnheit erledigen, eben weil Sie das schon immer so gemacht haben.

z.B. Frau K. ist Inhaberin eines Geschenkeshops. In der Vorweihnachtszeit herrscht Hochbetrieb. Trotz des Stresses schreibt sie jedes Jahr Weihnachtskarten an alle Kunden in Ihrer Kartei. Einige Kunden haben schon seit Jahren nichts mehr bei Ihr gekauft, hier sind die Weihnachtskarten schlicht verlorene Mühe und ein unnötiger Kostenfaktor. Frau K. täte gut daran, die Altkunden auszusortieren.

Doch selbst wenn eine Arbeit notwendig sein sollte – sicherlich ist es sinnvoll, guten Kunden einen Weihnachtsgruß zukommen zu lassen –, bleibt die Frage, ob Sie diese Arbeit wirklich selbst übernehmen müssen. In vielen Fällen sind einfache Aufgaben kostengünstig, effizient und schnell durch jemand anders zu erledigen (mehr dazu erfahren Sie im nächsten Kapitel). Frau K. könnte diese kleinen Arbeiten beispielsweise an einen Studenten übertragen. Sie könnte sich aber auch fragen, ob Sie diese Arbeiten unbedingt jetzt in der Vorweihnachtszeit erledigen muss. Im Sommer, während der Urlaubszeit, hat Sie oft tagelang nichts zu tun und langweilt sich in ihrem Laden. Das wäre ein viel besserer Zeitpunkt, die Weihnachtskarten zu schreiben. Und auch Sie haben sicherlich die eine oder andere Leerlaufphasen, in denen Sie solche Arbeiten zwischendurch erledigen können. Ihre persönliche Analyse zeigt Ihnen, wo diese liegen. Legen Sie diese eher unwichtigen Aufgaben gezielt in solche Phasen. Um Zeit zu sparen, sollten Sie darüber hinaus auch analysieren, ob Sie die Aufgaben auf effiziente Art und Weise erledigen. Überprüfen Sie, ob Sie nicht aus purer Gewohnheit auf eine umständliche Art arbeiten und wie Sie diese Arbeitsweise vereinfachen und damit effizienter gestalten können, ohne dass das Ergebnis leidet. Setzen Sie technische Hilfsmittel wie eine geeignete Software oder einen besseren Computer ein, oder automatisieren Sie Arbeitsabläufe, etwa dadurch, dass Sie auf Ihrem Computer häufig benutze Funktionen direkt so einstellen (in Office-Anwendungen beispielsweise funktioniert das mit Makros). In unserem Beispiel schreibt Frau K. alle Weihnachtsgrüße von Hand und faltet die selbst gemachten Karten eigenhändig. Sie würde viel Zeit sparen, wenn Sie zuvor gefaltetes Papier kaufen und die Grüße dann auf dem Computer ausdrucken würde. Dann reichte das einmalige Schreiben des Grußes, Frau K. bräuchte keine Angst vor Schreibfehlern zu haben und müsste am Ende nur noch unterschreiben und die Karten in das Kuvert stecken. Nur wenn Sie via Analyse feststellen, dass Sie die Arbeit wirklich selbst und unbedingt jetzt und auf diese Weise erledigen müssen, sollten Sie das tun.

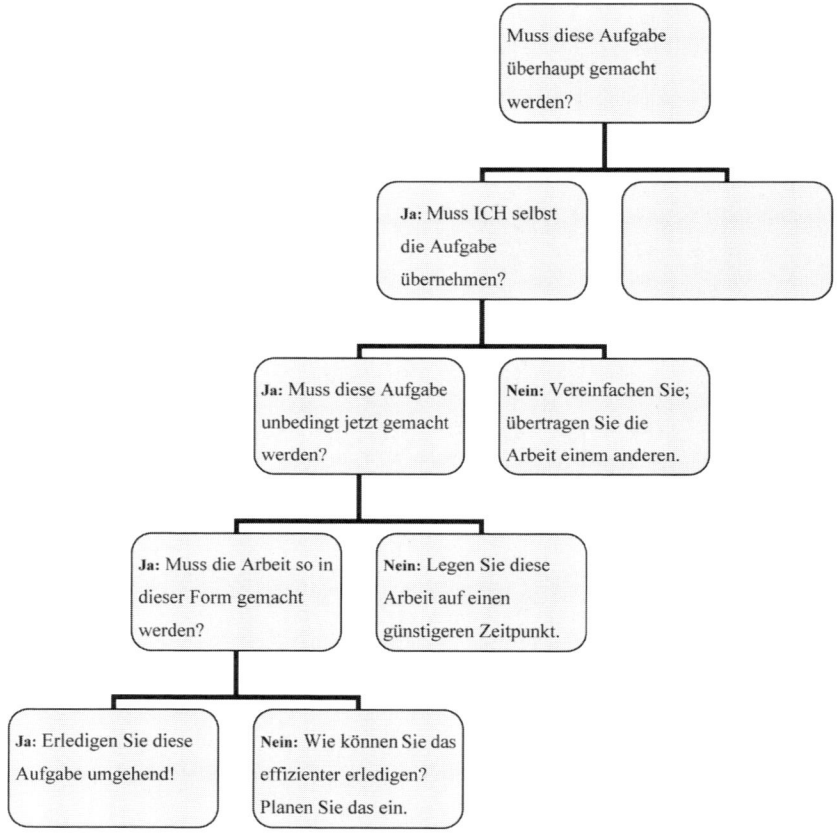

Abbildung 6: Systematische Analyse der zu erledigenden Aufgaben

Schritt 2: Arbeiten organisieren

Am sinnvollsten organisieren Sie kleinere Arbeiten und Routinetätigkeiten, wenn Sie diese in Blöcken zusammenfassen. Dahinter steckt folgender Gedanke: Für jede Arbeit, die Sie beginnen, benötigen Sie Vorbereitung und eine Anlaufzeit. Sie müssen beispielsweise Unterlagen heraussuchen und diese zurechtlegen, sich einlesen, sich gedanklich mit dem Thema beschäftigen, den Computer hochfahren und vieles mehr.

z.B. Frau M. beginnt den Arbeitstag mit einem Kundentelefonat. Sie sucht zunächst die Unterlagen des Projektes heraus, dann die Adresse des Kunden und legt sich die Argumente zurecht, mit denen Sie überzeugen will. Nach dem Gespräch packt sie alle Unterlagen wieder weg, schreibt Rechnungen am PC und druckt diese aus. Dafür muss sie die entsprechenden Geräte an- und dann wieder ausmachen. Am Nachmittag führt Sie ein weiteres Kundengespräch zum selben Thema wie vormittags. Wieder holt sie Projekt- und Adressunterlagen hervor. Abends schließlich schreibt sie erneut ein Angebot am PC.

Wenn es Frau M. gelungen wäre, die Telefonate und die Arbeit am PC zu jeweils einem Block zusammenzufassen, hätte sie schätzungsweise ein halbe Stunde Zeit gewonnen. Gewöhnen Sie sich also diese Art der Zusammenfassung an und sparen Sie durch diese »Serienproduktion« überflüssige Anlaufzeiten. Sie brauchen dann jede Tätigkeit nur einmal vorzubereiten und können sie routiniert durchführen. Analysieren Sie dafür noch einmal, mit welchen Tätigkeiten Sie gewöhnlich Ihren Tag füllen. Überlegen Sie genau, welche Arbeitsgänge sich zusammenfassen lassen und wann am Tag Sie diese am besten durchführen. Beachten Sie dabei auch Ihre Leistungskurven (mehr dazu im entsprechenden Kapitel im Abschnitt Planung).

z.B. Bei Frau M. sieht das Ergebnis Ihrer Analyse so aus: vormittags ein Block konzeptionelle Projektarbeit am PC. Dann mittags vor dem Essen kleinere Aufgaben am PC. Anschließend wird der Computer ausgeschaltet. Nach dem Essen und einer Ruhephase folgt am Nachmittag der Block Kundengespräche.

Daraus ergibt sich fast von selbst, dass Sie die kleineren Arbeiten jeweils erst abschließen, bevor Sie etwas Neues beginnen. Denn wenn Sie die Aufgaben routinemäßig in Blöcken planen, kommen Sie gar nicht erst auf den Gedanken, etwa neben der Arbeit am PC noch etwas anderes anzufangen. Aber selbst wenn Sie die Blöcke aus irgendwelchen Gründen nicht streng einhalten können, sollten Sie zumindest darauf achten, dass Sie einzelne kleinere Aufgaben, die schnell erledigt sind, abschließen, bevor Sie etwas Neues beginnen. Wenn Sie das nicht tun, werden Sie immer im Hinterkopf haben, dass noch etwas unerledigt liegen geblieben ist, und das behindert Sie gedanklich bei Ihrer weiteren Arbeit. Anders sieht das natürlich bei größeren Projekten aus. Die können Sie meist nicht in einem Rutsch wegarbeiten, sondern müssen sie auch mal mit kleineren Aufgaben unterbrechen.

 Bei kleineren Aufgaben zwischendurch: Erst eine Sache beenden, dann eine andere beginnen. Bei größeren Projektaufgaben: Diese sinnvoll einteilen und zur Entspannung mit kleineren Routinetätigkeiten abwechseln.

Was du heute kannst besorgen ...

Als Selbstständiger ohne direkte Weisung vom Chef und mit freier Zeiteinteilung sind Sie besonders betroffen: Nicht alle Arbeiten sind angenehm, und unangenehme Dinge schieben Sie einfach gerne vor sich her – beispielsweise Buchhaltung, Steuererklärung, Akquisegespräche. Es ist völlig normal, dass man solcherart nach dem Lustprinzip verfährt. Und sich dabei selbst täuscht. Zuerst die Zeitung lesen, dann noch die E-Mails abrufen, den Papierkram wegsortieren – alles ist wichtiger als die die tatsächliche Arbeit, die doch eigentlich auf der Prioritätenliste ganz oben stand. Analysieren Sie daher, warum Sie diese wichtige Aufgabe so ungern erledigen, bevor Sie dann mit einem Sieben-Punkte-Plan der Aufschieberitis zu Leibe rücken. Ihre Analyse könnte so aussehen.

Checkliste: Ich habe keine Lust, diese Arbeit zu machen, weil

- ich ihren Sinn und Zweck einfach nicht verstehe. Eigentlich habe ich eine ganz andere Vorstellung als mein Auftraggeber, aber mit dem kann ich nicht diskutieren.
- mir, wenn ich ehrlich bin, ein paar Hintergrundinformationen fehlen. Wenn ich die hätte, würde ich vielleicht eher verstehen, warum der Kunde das so will und nicht anders.
- der Abschlusstermin noch zu weit entfernt ist beziehungsweise noch gar nicht richtig feststeht, wann ich den Auftrag abgeschlossen haben soll.
- sie stupide und langweilig ist, keinen Spaß macht und mich daher einfach nervt. Eigentlich möchte ich lieber etwas ganz anderes tun.
- ...

Sieben-Punkte-Plan gegen »Aufschieberitis«:

1. Unangenehme Tätigkeiten erledigen Sie sofort. Was weg ist, ist weg, und wenn Sie die Aufgabe erst einmal abgeschlossen haben, können Sie viel befreiter Angenehmeres erledigen.
2. Legen Sie sich alles zurecht, was Sie für die Erledigung der unangenehmen Arbeit brauchen – Büromaterial, Papier, Computer. Dann haben Sie schon mal etwas getan. Als nächstes tun Sie nichts. Irgendwann haben Sie vom Nichtstun genug und fangen einfach an.
3. Setzen Sie sich selbst einen Termin, bis wann Sie die Arbeit erledigt haben wollen – nicht müssen, denn nur Sie entscheiden!
4. Sie verstehen nicht, warum Sie die Aufgabe machen müssen, oder kennen die Hintergründe nicht? Dann fragen Sie bei Ihrem Kunden, Auftraggeber nach, beschaffen Sie sich Informationen. Der Kunde will Ihnen die Informationen nicht geben? Dann verzichten Sie auf diesen Kunden, denn er will Sie offenbar bei Ihrer Arbeit nicht unterstützen.
5. Machen Sie sich bewusst, was Sie durch das Aufschieben verlieren: einen Kunden, ein wichtiges Projekt – wenn Sie den Termin nicht

einhalten – oder einfach nur Ihre Ruhe, weil Sie ja doch insgeheim immer an die unerledigte Aufgabe denken.

6. Sie haben Probleme anzufangen? Zerlegen Sie große, zunächst unüberschaubar scheinende Aufgaben in kleinere Abschnitte – und plötzlich geht es wie von selbst.

7. Stellen Sie sich nach getaner Arbeit eine Belohnung in Aussicht – damit motivieren Sie sich. Das kann etwas Materielles sein, etwas Schönes, dass Sie sich kaufen wollen, aber auch ein geselliger Abend mit Freunden oder der Familie.

 Wenn Sie ein Perfektionist sind, haben Sie es schwer: Weil Sie jede kleine Aufgabe hundertprozentig erledigen wollen, laufen Sie besonders Gefahr, sich zu verzetteln. Gerade weil alles perfekt sein soll, sehen Sie auch kleinere Aufgaben als unüberwindbaren Berg, den Sie vor sich herschieben, statt einfach damit anfangen, ihn abzutragen. Und weil Sie misstrauisch sind, dass andere Menschen etwas nicht so perfekt wie Sie erledigen, wollen Sie Aufgaben lieber nicht an andere abgeben. Ursache Ihres Perfektionismus können Existenzängste sein. Dieses Verhalten ist für Selbstständige durchaus typisch. Da hilft nicht nur eine gute Planung, sondern Sie sollten auch gezielt Stress abbauen und mögliche Ängste reduzieren. Eine erste Anregung liefert dieses Buch, aber auch professionelle Hilfe kann sinnvoll sein.

Wie Sie mit Störungen umgehen

Sie haben ja bereits oben im Kapitel erfahren, wie wichtig es ist, mindestens eine Woche lang Ihren Tagesablauf zu analysieren und dabei auch einzutragen, wie oft und wie lange Sie bei Ihrer Arbeit gestört werden. Dieser Analyse und vor allem der Spalte Störungen sollten Sie sich jetzt noch einmal zuwenden. Betrachten Sie hier genau:

❑ Wann und wie oft wurden Sie in der Woche gestört?
❑ Wie lange dauerten diese Störungen?

Organisieren Sie eine störungsfreie Zeit, in der Sie konzentriert arbeiten können – am besten vormittags. Lesen Sie in dieser Zeit keine E-Mails, und leiten Sie Anrufe auf Ihren Anrufbeantworter oder an jemanden anderen weiter. Machen Sie klar, dass Sie diese Zeit brauchen – auch sich selbst. Tragen Sie diese Zeit in Ihrem Terminplan als besetzt ein. Teilen Sie das anderen mit – und teilen Sie auch mit, wann Sie gut zu erreichen sind.

❏ Warum und von wem wurden Sie gestört? War der Grund wichtig oder dringlich?

❏ Durch was wurden Sie gestört (Telefon, E-Mail, Besuch)?

 Natürlich ist es schön, dass Ihre Kunden Ihre Leistungen schätzen und häufig etwas von Ihnen wollen: Dadurch fühlen Sie sich gebraucht. Wenn Sie jedoch immer »verfügbar« sind, kann sich das negativ auswirken: Die Kunden gewöhnen sich daran und können vielleicht sogar den Eindruck bekommen, Sie hätten sonst keine Aufträge.

❏ Nicht alle Störungen lassen sich vermeiden, aber viele. Überlegen Sie zunächst, ob einige Störungen stets auf die gleiche Weise, durch die gleiche Person, aus dem gleichen Grund oder zur gleichen Uhrzeit vorkommen, und fassen Sie diese jeweils zu Blöcken zusammen. Dadurch können Sie diese Störungsblöcke jeweils wie eine Störung behandeln. Überlegen Sie dann, ob sie wirklich unvermeidbar ist.

❏ Werfen Sie noch einmal einen Blick ins Kapitel »Verzetteln Sie sich nicht« und auf die Analyse der zu erledigenden Aufgaben. Genauso können Sie jetzt auch die Störungen behandeln und sich fragen, ob Sie sich persönlich dieser Angelegenheit widmen müssen. Wenn Sie zu dem Schluss kommen, dass jemand anders sich besser darum kümmern kann, delegieren Sie das Anliegen. Wenn Sie feststellen, dass Sie eine Angelegenheit besser zu einem späteren Zeitpunkt erledigen, legen Sie einen entsprechenden Termin fest: Wenn Sie beispielsweise durch einen unangemeldeten Kunden gestört werden, verweisen Sie auf Ihren vollen Terminkalender mit Kunden, die einen Termin gemacht haben (auch wenn das gar nicht stimmt), und bitten Sie den Kunden, ebenfalls einen Termin zu vereinbaren. Wenn Sie die Sache schnell abarbeiten können, ist es empfehlenswert, sie dazwischenzuschieben – dann brauchen Sie daran nicht mehr zu denken. Und wenn Sie zu dem Schluss kommen, dass diese Angelegenheit ganz und gar überflüssig ist, lesen Sie sich das Kapitel »Sagen Sie manchmal Nein« nochmals gründlich durch.

z.B. Antiquitätenhändler G. analysiert seine Störfaktoren. Neben vielen kleineren Störungen kristallisiert sich ein größerer Block heraus: Jeden Tag, meist am späten Nachmittag, manchmal auch zweimal am Tag, ruft die gleiche nervige Kundin an, fragt, ob er dieses oder jenes besorgen könnte, hat ständig neue absurde Ideen zu ihrer Einrichtung und sagt am Ende jedes Mal, darüber müsse Sie noch nachdenken, um am nächsten Tag mit einer neuen Idee zu kommen. Das kostet Herrn G. nicht nur die Zeit des Telefonats, sondern er regt sich auch stets gewaltig auf. Durch zielgerichtete Gesprächsführung erkennt Herr G., dass die Kundin vor allem an asiatischen Antiquitäten interessiert ist, die er nicht führt. Er nennt der Kundin daher einige entsprechende Adressen. Wenn sie dort nichts findet, bietet er an, kann die Kundin zu einem fest verabredeten Termin bei ihm persönlich vorbeikommen, weil sich am Telefon solche Vorstellungen nur schlecht erläutern lassen, falls Sie tatsächlich konkrete Kaufabsichten hegt. Mit diesem Service ist die Kundin zufrieden.

Tatsächlich können Sie viele Störungen vermeiden oder zumindest einschränken, indem Sie die entsprechenden Gespräche zielgerichtet führen und so die wichtigen Informationen schneller und effizienter herausfiltern. Dabei ist es egal, ob Sie von Angesicht zu Angesicht sprechen oder telefonieren, ob Sie ein größeres Meeting abhalten oder unter vier Augen mit jemandem reden und ob Ihre Gesprächspartner Kunden oder Mitarbeiter sind, die Grundregeln sind immer gleich:

❏ Machen Sie sich zunächst das Ziel des Gesprächs klar: Was wollen Sie erreichen? Informationen geben, Informationen einholen, einen Termin vereinbaren, ein Angebot machen? Schreiben Sie sich alle wichtigen Gesprächspunkte auf. Wenn Sie wissen, was Sie wollen, werden Sie zielgerichteter telefonieren.

❏ Legen Sie vor dem Gespräch alle wichtigen Unterlagen bereit. Es macht keinen kompetenten Eindruck, wenn Sie diese noch während des Gesprächs suchen müssen.

❏ Setzen Sie die Dauer des Gespräches genau fest. Planen Sie bei längeren Gesprächen auch, wie lange die einzelnen Themenblöcke behandelt werden sollen.

❏ Sagen Sie gleich zu Beginn, um was es geht und wie lange Sie für das Gespräch und die einzelnen Einheiten veranschlagt haben – dann weiß Ihr Gegenüber, auf was es sich einstellen kann. Bei Meetings mit mehreren Teilnehmern legen Sie Regeln fest, etwa: »Pro Redebeitrag 30 Sekunden« oder »Alle Beiträge mit Beispielen illustrieren«.

❏ Fixieren Sie das Ergebnis des Gespräches schriftlich, auch wenn es nur Stichpunkte sind. Überlegen Sie, ob das Gespräch so seinen Zweck erfüllt hat. Setzen Sie das, was Sie aus der Unterredung mitgenommen haben, um – wenn das nicht sofort geschieht, dann planen Sie die Realisierung für später konsequent ein.

Wie Sie mit Stress umgehen

Wahrscheinlich kennen Sie das auch: Gerade wenn Sie es besonders eilig haben, scheint plötzlich alles schiefzugehen und Ihr sorgsam gemachter Zeitplan gerät vollends aus dem Lot. Die ganze Welt scheint sich gegen Sie verschworen zu haben. Doch dieser Eindruck täuscht. Tatsächlich ist es einfach so, dass Sie bei übermäßigem negativen Stress in der Regel weniger achtsam sind und die Dinge dadurch eher schieflaufen

Eigentlich ist Stress eine natürliche und nützliche Reaktion des menschlichen Organismus auf Reize, Anforderungen oder Bedrohungen der Umwelt. Zum ernsten Problem für Gesundheit und Leistungsfähigkeit wird er, wenn Anforderungen ständig über den Kopf wachsen und keine Mittel und Wege in Sicht sind, diese zu bewältigen. Daher ist Stress heute zum Sammelbegriff für Hektik, Überforderungsgefühle, unkontrollierbare Situationen, unangenehme Erlebnisse oder ständig enttäuschte Erwartungen geworden.

 Stress ist nicht nur schädlich, sondern auch ein Ansporn. Erfolgreich bewältigte Stresserlebnisse können das Vertrauen stärken, Herausforderungen zu meistern. Bleiben solche Situationen eingegrenzt, kann der Stress abgebaut werden. Körperliche und psychische Funktionen wie Herzschlag, Blutdruck, Atmung und Konzentration werden wieder auf die Normallinie gebracht. Dauert dieser Alarmzustand aber über lange Zeiträume an, fehlt dem Körper der Rückweg in die Normalität.

Bei permanentem Stress geraten Stoffwechselprozesse und psychische Verarbeitungsmuster schleichend, aber dauerhaft aus dem Ruder: Blutdruck, Herzfrequenz, Blutfett- und Blutzuckerspiegel und der Immunstatus können kritische Werte erreichen. Die gesteigerte Muskelspannung führt zu Schmerzen im Rücken-, Nacken- und Schulterbereich, auf die Dauer können ernsthafte Organschäden auftreten. Auch die psychischen Beeinträchtigungen sind nicht ohne: Chronischer Stress kann zu ständiger Gereiztheit, Konzentrationsmängeln und Schlafstörungen führen. Arbeitsstress ist eine häufige Ursache von Depressionen und Burn-out. Der Körper sendet in der Regel schon lange vorher Warnsignale, wenn er unter schädlichen Dauerstress geraten ist, etwa ständige Müdigkeit, Mattigkeit, häufige Gereiztheit, Nervosität, anhaltende Schlafstörungen, Konzentrationsschwächen, Vergesslichkeit, zunehmender Konsum von Genussmitteln, abnehmende Bereitschaft oder Fähigkeit zur Entspannung.

Vor allem der wirtschaftliche Druck ist eine Stressquelle, die in Ihrem Alltag als Unternehmer immer wieder neu gespeist wird. Wie Sie mit negativen Faktoren wie unzufriedenen Kunden oder Existenzängsten umgehen und sich selbst motivieren, wurde bereits an anderer Stelle in diesem Buch ausführlich erläutert. Und auch das Problem, wie Sie bei häufig wiederkehrendem Stress Ihren Zeitplan überdenken (und weniger vollpacken!) sollten, können Sie mithilfe dieses Buches lösen. Dennoch ist es wichtig, dass Sie bei dauernd hoher Belastung auch Techniken erlernen, mit denen Sie ein gewisses Maß an Stress akzeptieren können, um gesundheitliche Auswirkungen unter Kontrolle zu halten.

Persönliche Einstellungen und Bewertungen überprüfen und ändern

Nicht alle Menschen sind gleich anfällig gegen Stress. Bestimmte persönliche Sichtweisen und Einstellungen erhöhen das Risiko, immer wieder unter schädlichen Stress zu geraten. Diese Grundmuster wurden zumeist über lange Zeiträume erlernt und werden in der Alltagserfahrung gar nicht mehr wahrgenommen. Dazu gehören:

❑ Perfektionismus: an sich selbst sehr hohe Ansprüche stellen und alles stets fehlerfrei machen wollen
❑ Pessimismus: stets die negativen Seiten der Arbeits- und Alltagserlebnisse sehen
❑ Überhöhte Ansprüche: die Bereitschaft, sich ständig stark zu verausgaben und dabei nicht auf die Warnsignale des Körpers zu achten
❑ Geltungsbedürfnis und Konkurrenzdenken: Arbeit und Leistung immer auch mit Konkurrenzdenken und übersteigertem Bedürfnis nach persönlicher Anerkennung verbinden

Der Moment der Klarheit

Gerade in besonders hektischen Situationen hilft es oft, einfach mal kurz durchzuatmen und klar zu denken. Das schaffen Sie natürlich nicht von heute auf morgen, stattdessen ist einige Übung erforderlich. Halten Sie sich dazu an die folgenden Schritte:

❏ Atmen Sie tief und ruhig durch. Vergegenwärtigen Sie sich: Was geschieht in diesem Moment? Was geschieht mit Ihnen? Was fühlen und was denken Sie gerade? Schreiben Sie es auf.

❏ Fragen Sie nach dem Grund des Stresses. Wer verursacht ihn? Warum? Was spricht dagegen, etwas in Ruhe zu machen? Sprechen Sie mit den Verursachern. Führen Sie Argumente an, warum Sie Ruhe brauchen – etwa, damit Sie besser nachdenken können. Sagen Sie beispielsweise: »Ich muss zunächst alle wichtigen Fakten kennen, um mich optimal zu entscheiden.« Häufig zeigt sich, dass die Sache gar nicht so stressig sein muss.

❏ Führen Sie sich Ihre eigenen Ziele vor Augen: Was wünschen Sie sich in diesem Moment? Was wollen Sie erreichen? Machen Sie sich die Ziele, die Sie ja bereits zu Beginn dieses Buches definiert haben, nochmals klar.

❏ Fantasieren Sie: Was gefällt Ihnen an dieser Situation nicht? Was würden Sie ändern, wenn Sie die Möglichkeit hätten? Und was oder wer steht dem entgegen?

❏ Was tun Sie selbst in diesem Moment, um sich vom Erreichen Ihrer Ziele abzuhalten? Vielleicht sehen Sie die Dinge gerade sehr negativ und stehen sich damit selbst im Wege. Machen Sie sich klar, dass Sie die Situation auch beeinflussen können – zum Beispiel, indem Sie Nein sagen.

❏ Atmen Sie nochmals tief durch – und ändern Sie die Situation.

Stress durch Bewegung und Entspannungstechniken abbauen

Zusätzlich unterstützen können Sie diesen mentalen Prozess noch, indem Sie regelmäßig körperlich Spannungen abbauen. Gerade wenn

Sie sehr viel Kopfarbeit leisten, ist das notwendig. Denn Kopfarbeit macht Sie zwar müde, aber körperlich fühlen Sie sich häufig aufgeputscht. Daher sollten Sie möglichst zwei- bis dreimal in der Woche für einen körperlichen Ausgleich in Form von Joggen, Walken, Schwimmen, Radfahren, Tanzen oder Muskelkrafttraining sorgen.

 Durch regelmäßigen Sport verbessern Sie nicht nur Kraft und Ausdauer, sondern auch den Stoffwechsel und Ihre psychische Befindlichkeit. Dadurch werden Sie leistungsfähiger und können mehr erreichen. Auch wenn Sie meinen, Sie haben keine Zeit: Planen Sie Sport regelmäßig ein.

Darüber hinaus können Sie Entspannungsmethoden erlernen, die Sie in stressigen Situationen zur Ruhe kommen lassen. Hier empfiehlt es sich, einen entsprechenden Kurs zu besuchen, damit Sie eine kompetente Anleitung bekommen, die Übungen regelmäßig wiederholen und sie sich allmählich angewöhnen. Wenn Sie es zu Hause mit einem Handbuch versuchen, machen Sie vermutlich eher Fehler und bleiben auch nicht konsequent dabei. Bei der progressiven Muskelentspannung etwa erlernen Sie systematisch, wie Sie bestimmte Muskelpartien anspannen und entspannen. Beim autogenen Training führen Sie konzentrierte Entspannungsübungen durch. Bei Yoga und Meditation versenken Sie sich in sich selbst durch das Einnehmen einer bestimmten Körperhaltung und durch konzentriertes Atmen. Beim T'ai Chi schließlich bringen Sie Bewegung und Atmung in Einklang.

 Viele Krankenkassen übernehmen bis zu 90 Prozent der Kosten für solche Präventivmaßnahmen, sodass ein achtwöchiger Yogakurs Sie weniger als 10 Euro kosten kann. Diese Kostenerstattung erfordert eine regelmäßige Teilnahme. Das hilft Ihnen auch, den inneren Schweinehund zu überwinden, und die entsprechenden Techniken gehen Ihnen bald in Fleisch und Blut über. Erkundigen Sie sich bei Ihrer Krankenkasse oder wechseln Sie sie gegebenenfalls.

Warum umständlich, wenn es auch einfach geht?

Bei dem heutigen Überangebot an Informationen und bei der Masse an Bürokratie verbringen Sie als Selbstständiger viel Zeit mit Arbeit, die mit Ihrer eigentlichen Tätigkeit nichts zu tun hat. Das haben Sie sich wahrscheinlich ganz anders vorgestellt. Wie Sie Abhilfe schaffen und Ihren Arbeitsalltag vereinfachen, erfahren Sie auf den folgenden Seiten.

z.B. Schreiner K. beginnt den Tag damit, seine Kalkulation durchzurechnen. Dann kümmert er sich um Kundenanfragen, die er aus einer Flut von Werbesendungen per Post und E-Mail herausfischt. Schließlich überlegt er sich noch einige Werbemaßnahmen und stellt neue Angebote auf seine Website. Erst am späten Nachmittag, wenn er eigentlich schon müde ist, kommt er dazu, in seiner Schreinerwerkstatt weiterzuarbeiten.

Das müsste nicht so sein: Schreiner K. könnte seine Buchhaltung vereinfachen, wenn er einige Steuervorteile als Kleinunternehmer wahrnehmen oder die gesamte Buchhaltung an einen Experten delegieren würde. Er könnte die Kundenanfragen schneller beantworten, wenn er ein effizientes System zum Ausfiltern von unerwünschter Werbung hätte, oder er könnte ein Sekretariat damit beauftragen. Und auch seine Website müsste er nicht selbst pflegen. Wenn Schreiner K. einige Dinge vereinfachen würde, hätte er mehr Zeit für seine eigentliche Arbeit, das Schreinern.

Zeit sparen durch delegieren

 Vielleicht ist Ihnen das Delegieren zunächst unangenehm. Vielleicht denken Sie, Sie können alles viel besser als andere, und tatsächlich wird ein anderer Ihre Arbeit nicht genauso machen wie Sie. Außerdem haben Sie vielleicht Angst, sie wären ersetzbar. Das ist jedoch unbegründet: Starke Partner und Mitarbeiter stärken Ihr Unternehmen. Außerdem denken mehrere Köpfe besser als einer.

Wenn Sie bei einem Arbeitsgang Zeit sparen wollen, ist die effizienteste Methode, diese Arbeit nicht selbst zu erledigen. Sie können Aufträge an andere Unternehmen abgeben oder Mitarbeiter einstellen. Besonders gut an andere übertragen können Sie Routinedinge wie Schreib- oder Ordnungsarbeiten oder Spezialaufgaben, bei denen Sie sich nicht so gut auskennen, wie etwa die Buchhaltung oder den IT-Bereich. Auch wenn es schwerfällt: Gestehen Sie sich ein, wo Ihre Schwächen liegen, und delegieren Sie diese Aufgaben, statt es selbst schlecht zu machen. Und suchen Sie sich Partner und Mitarbeiter gezielt danach aus, inwiefern diese Ihre Fähigkeiten ergänzen. Aufgaben, die Sie als Unternehmer persönlich fordern, etwa Repräsentationsaufgaben, den Umgang mit Kunden, sollten Sie aber eigenhändig übernehmen, denn hier stehen Sie für Ihr Unternehmen ein.

 Arbeit an andere abzugeben, kostet Sie zunächst Zeit und Geld: Sie müssen sich beispielsweise mit der Bürokratie herumschlagen und Mitarbeiter anweisen. Doch wenn Sie wachsen und nicht irgendwann Aufträge und Kunden ablehnen wollen, sollten Sie frühzeitig Partner oder Mitarbeiter ins Boot holen. Wenn diese kompetent und eigenverantwortlich arbeiten, bekommen Sie die Investitionen mit »Zinsen« zurück.

Leider können Sie sich als Arbeitnehmer nicht einfach so bezahlte Mitstreiter suchen, sondern müssen einige rechtliche Grundsätze beachten. Die folgende Übersicht gibt Ihnen einen ersten Eindruck, auf was Sie beim Delegieren an andere Unternehmen wie auch beim Einstellen von Arbeitnehmern achten müssen. Weitere Informationen bietet beispielsweise das Ratgeberportal http://www.beamte4u.de.

Delegieren – Was Sie als Unternehmer beachten müssen:	
Outsourcing	**Einstellung von Arbeitnehmern**
Wann es sinnvoll ist	
Sie können nur einzelne kleinere Arbeitsbereiche abgegeben, etwa Schreib- oder Eingabearbeiten, die nicht unbedingt im Unternehmen selbst stattfinden müssen, aber auch ganze Unternehmensbereiche, etwa das Design Ihrer Website, die Buchhaltung oder den Kundenservice. **Vorteile:** ❏ Sie nutzen das Wissen anderer Unternehmen, wenn Sie Spezialisten mit der Buchhaltung, der Steuer oder IT-Fragen beauftragen. ❏ Sie können schnell und unbürokratisch Arbeiten abgeben, die Sie selbst nicht mehr schaffen, und dadurch mehr Aufträge annehmen, wenn die Auftragslage kurzfristig boomt (z.B. im Weihnachtsgeschäft). ❏ Sie zahlen nur das Honorar für die Arbeit, aber keine Beiträge zur Sozialversicherung.	Die traditionelle Methode, Arbeiten an andere zu delegieren, ist, Arbeitnehmer einzustellen. Sie können das praktisch für alle Aufgaben tun. **Vorteile:** ❏ Sie haben eine bessere Kontrolle über Arbeitsvorgänge, wenn diese im Unternehmen ablaufen – sinnvoll bei wichtigen Arbeiten. ❏ Sie sichern das Einkommen Ihres Arbeitnehmers, dieser hat sich daher an Ihre Weisungen zu halten. **Nachteile:** ❏ Sie haben einen vermehrten bürokratischen Aufwand durch zahlreiche gesetzliche Regelungen. ❏ Sie haben durch die Lohnnebenkosten höhere Ausgaben. Lohnkosten können Sie aber von der Steuer absetzen.

Nachteil:	❏ Sie müssen den Arbeitsplatz und die Arbeitsausrüstung zur Verfügung stellen, dadurch entstehen Kosten.
❏ Sie können die Qualität der Arbeit nicht direkt kontrollieren, das erfordert sehr viel Vertrauen, gerade wenn die Arbeit großen Einfluss auf das Endprodukt hat.	

Die Sozialversicherung und ihre Besonderheiten

Wenn Sie dem Auftragnehmer die Art der Arbeit, den Arbeitsort (in Ihren Räumen) und die Arbeitszeit vorgeben, könnte das Auftragsverhältnis ein verkapptes Arbeitsverhältnis, also scheinselbstständig, sein. Wenn sich das bei einer Überprüfung durch die Deutsche Rentenversicherung Bund (DRV) herausstellt, müssen Sie rückwirkend von Vertragsbeginn an Sozialversicherungsbeiträge zahlen, sowohl Arbeitgeber- also auch Arbeitnehmeranteil (sofern der Arbeitnehmer nicht anderswo versichert war). Außerdem müssen Sie den Vertrag so ändern, dass entweder ein ganz normales Arbeitsverhältnis entsteht oder der Auftragnehmer ordentlich selbstständig ist. Der Auftragnehmer kann übrigens auch auf Festanstellung klagen. Wenn Sie das umgehen wollen, dann stellen Sie bei der DRV vorab den Antrag auf ein Statusfeststellungsverfahren.	Sie müssen den Arbeitnehmer bei der Krankenkasse und der Berufsgenossenschaft anmelden sowie monatlich den Beitrag zur Sozialversicherung ausrechnen und abführen. Das können Sie vereinfachen, wenn Sie einen Minijobber einstellen. Hier können Sie bis zu einem Verdienst von 400 Euro die Sozialversicherungsbeiträge pauschal an die Minijobzentrale in Essen abführen. Achten Sie aber darauf, dass Ihr Minijobber nicht noch andere Minijobs hat und damit mehr als 400 Euro verdient. Dann würde nämlich einer dieser Minijobs zum Hauptjob. Wenn Sie selbst über die Künstlersozialkasse versichert sind, dürfen Sie höchstens einen Arbeitnehmer beschäftigen. Weitere Auszubildende und geringfügig Beschäftigte sind allerdings erlaubt.

Künstler und Publizisten:	Praktikanten und Familienmitglieder:
Sie vergeben öfter als nur gelegentlich Aufträge an freie Künstler o. Publizisten (z.B. an Webdesigner, nicht aber an Programmierer!)? Dafür müssen Sie Künstlersozialabgabe zahlen.	Alle hier dargestellten Regelungen gelten auch für Familienangehörige oder Praktikanten. Selbst wenn Sie Letztere unbezahlt einstellen, müssen Sie sie über die Berufsgenossenschaft versichern.

Arbeitsrecht

Wenn Ihr Auftragnehmer zweifelsfrei selbstständig (also nicht scheinselbstständig) ist, aber mindestens die Hälfte seines Gesamtverdienstes von Ihnen erhält (bei künstlerischer oder publizistischer Tätigkeit ein Drittel) und seine Leistung im Wesentlichen ohne Mitarbeiter erbringt, gilt er als arbeitnehmerähnliche Person nach Tarifvertragsgesetz: Er hat dann Anspruch auf bezahlten Urlaub und Bildungsurlaub und kann Streitigkeiten vor das Arbeitsgericht bringen. Die Sozialversicherung macht aber keine Probleme.	Wenn Sie Arbeiten an Arbeitnehmer delegieren, müssen Sie klare Arbeitsbedingungen vereinbaren und in einem Arbeitsvertrag schriftlich niederlegen, den Arbeitnehmer beim Finanzamt anmelden, ein Lohnkonto führen und monatlich die Lohnsteuer ausrechnen und an das Finanzamt abführen, bei einer Beendigung des Arbeitsverhältnisses zumindest die gesetzlichen Kündigungsfristen einhalten und ein Zeugnis ausstellen.

Gesellschaftsrecht	Welche Gesetze Sie beachten müssen
Als Einzelunternehmer können Sie auch mit anderen Selbstständigen gleichberechtigt zusammenarbeiten – z.B. ein Metzger und ein Bäcker, die sich Geschäftsräume und Kunden teilen, aber auch ein Journalist und ein Kameramann, die für einzelne Projekte zusammenarbeiten. Sobald Sie als Einzelunternehmer derart mit anderen gleichberechtigt kooperieren, sind Sie eine Gesellschaft Bürgerlichen Rechts (GbR), auch ohne schriftlichen Vertrag. Die GbR selbst kann keine Verträge abschließen und kein Geld einnehmen, das können nur Sie als einzelner Unternehmer. Gleiches gilt für die Einkommensteuer. Die GbR muss jedoch ggf. Umsatz- und Gewerbesteuer zahlen. Und die Mitglieder einer GbR haften für alles, was sie gemeinsam unternehmen – aber nicht für mehr. Bei einer dauerhaft festen Zusammenarbeit kann es für Sie sinnvoll sein, eine andere Gesellschaftsform, z.B. eine GmbH, zu gründen.	In allen Fällen müssen Sie die gesetzlichen Mindestbedingungen für Arbeitsverhältnisse einhalten. Die sind in folgenden Gesetzen festgehalten: ❑ das Altersteilzeitgesetz ❑ das Arbeitszeitgesetz ❑ die Bildungsurlaubsgesetze der Länder ❑ die Bestimmungen des Bürgerlichen Gesetzbuchs über Entlohnung und Kündigungsfristen ❑ das Bundeserziehungsgeldgesetz ❑ das Bundesurlaubsgesetz ❑ das Entgeltfortzahlungsgesetz ❑ das Kündigungsschutzgesetz ❑ das Mutterschutzgesetz ❑ das Nachweisgesetz ❑ die Sozialgesetzbücher

Richtig delegieren

Ob Sie nun ein anderes Unternehmen beauftragen oder Mitarbeiter einstellen, damit die Sache rund läuft – es reicht nicht, wenn Sie nur die

Anweisung geben: »Machen Sie das bis übermorgen!« Es ist kein Wunder, wenn der andere etwas nicht zu Ihrer Zufriedenheit erledigt, wenn Sie nicht möglichst genau sagen, was Sie wollen – der andere weiß schließlich nicht, was Sie denken. Verwechseln Sie klare Arbeitsanweisungen aber nicht mit Kontrolle: Ihr Partner oder Mitarbeiter sollte zwar wissen, was zu tun ist, aber sprechen Sie ihm dabei nicht die Fähigkeit ab, selbst zu denken. Klären Sie, bevor Sie etwas delegieren, folgende Punkte:

❏ Überlegen Sie: Wer kann die Aufgabe am besten ausführen – und warum? Wer hat die geeignete Sachkenntnis, wer wird am schnellsten arbeiten? Teilen Sie mit, warum Sie sich gerade für diesen Partner oder Mitarbeiter entschieden haben – dieses Vertrauen wirkt motivierend.

❏ Was ganz genau soll getan werden? Achten Sie hierbei auf exakte Formulierungen, und stellen Sie durch Nachfragen sicher, dass die andere Person alles verstanden hat. Sprechen Sie alle Vorgaben zu Quantität und Qualität ab, schreiben Sie es auf. Achten Sie aber darauf, dass Sie das Ziel beschreiben, nicht den Arbeitsgang an sich. Unter Umständen können Sie einige Vorschläge zur Ausführung einbringen. Die anderen haben so die Freiheit, selbst zu entscheiden, wie sie die Arbeit ausführen. Diese Eigenverantwortlichkeit fördert die Motivation.

❏ Benötigt der andere eine spezielle Ausrüstung, irgendwelches Werkzeug oder auch Informationen und Fakten? Achten Sie nicht nur darauf, dass Sie den Auftrag erteilen, sondern auch darauf, dass Sie alles was, zu seiner Ausführung wichtig ist, mitgeben.

❏ Bis wann soll die Aufgabe erledigt werden? Legen Sie den Zeitpunkt der Fertigstellung wenn möglich mit den anderen zusammen fest. Wenn das nicht geht, erläutern Sie, warum der Endtermin schon fix ist – etwa weil der Kunde dann die entsprechende Lieferung haben möchte.

❏ Warum soll der Auftrag ausgeführt werden? Menschen arbeiten nicht gerne an etwas, dessen Sinn sich ihnen nicht erschließt. Machen Sie daher noch einmal explizit klar, was der Sinn und

Nutzen dieses Arbeitsganges ist. Wenn der andere das versteht, wird er viel besser arbeiten.

Bürokratie vereinfachen

Wenn Delegation oder Zusammenarbeit mit anderen für Sie nicht infrage kommt, etwa weil Ihr Unternehmen zu klein ist, gibt es vielleicht andere Möglichkeiten, Zeit zu sparen – indem Sie Ihren bürokratischen Aufwand minimieren.

Experten hinzuziehen

Suchen Sie nach Experten für bürokratische Fragen. Ein Steuerberater speziell für Ihre Berufsgruppe, ein Buchhalter (vor allem dann, wenn Sie eine doppelte Buchführung machen und / oder Arbeitnehmer einstellen wollen) sowie ein guter Anwalt, der Sie zwischendurch immer wieder in Rechtsfragen berät und erst recht, wenn es Probleme gibt, sind Gold wert. Wenn Sie sich das nicht leisten können, gibt es andere Ansprechpartner. Viele Berufsverbände und Kammern stehen Ihren Mitgliedern für die im Verhältnis niedrigen Mitgliedsbeiträge in rechtlichen Fragen mit Rat und Tat zur Seite und können meist aus eigener Erfahrung berichten. So behalten Sie den Kopf frei für wichtigere – und befriedigendere – Aufgaben. Und es passieren weniger Fehler, was mit Blick auf das Betriebsklima auch nicht zu verachten ist.

Steuern und Steuererklärung

Wenn Sie in Ihrem Gewerbe weniger als 30.000 Euro Gewinn beziehungsweise 350.000 Euro Umsatz im Jahre machen, brauchen Sie sich nicht ins Handelsregister eintragen zu lassen. Sie können dann Ihre Steuererklärung mit einer einfachen Einnahmenüberschussrechnung erledigen. Dafür benötigen Sie keinen Steuerberater und / oder Buchhalter. Nur wenn Sie diese Grenze überschreiten oder die Handelsregistereintragung freiwillig vornehmen, ist eine kaufmännische doppelte Buchführung unabdingbar. Sie wird am Jahresende mit einer

Bilanz abgeschlossen und ist weit komplizierter als eine Einnahmenüberschussrechnung.

 Nutzen Sie bei den Steuern die Pauschalen – etwa die
Umsatzsteuerpauschalen für bestimmte Berufsgruppen
(Umsatzsteuergesetz § 23, Umsatzsteuerdurchführungsver-
ordnung Anlage Abschnitt A) oder die pauschalen Abzugs-
möglichkeiten bei der Einkommensteuer: pauschale Abzüge
für Journalisten, Volkshochschuldozenten, Fahrtkosten, Arbeitszimmer, Telefonkosten.

Lassen Sie sich von der Umsatzsteuer befreien, wenn Sie weniger als
17.500 Euro verdienen. Das kostet Sie zwar die Vorsteuer – weil Sie bei
den eigenen gekauften Anschaffungen fürs Büro die Umsatzsteuer
herausrechnen können –, aber Sie sparen sich die Arbeit, in den ersten
zwei Jahren jeden Monat eine Vorsteuererklärung machen zu müssen.

Versicherungen

Überlegen Sie, welche Versicherungen wirklich notwendig sind. Besorgen Sie sich die entsprechenden Informationen und lassen Sie sich
umfassend beraten. Oft reichen Krankenversicherung, Altersvorsorge,
berufliche Rechtsschutz- und Haftpflichtversicherung. Gerade Berufs-
anfänger neigen häufig dazu, ihre Unsicherheit durch ein Übermaß an
Versicherungen zu kompensieren. Aber zu viele Versicherungen sind
nicht nur unnötig und teuer, sie können auch richtig stressig werden,
etwa wenn die eine Versicherung im Bedarfsfall nicht zahlen will, weil
Sie ja noch die andere Versicherung haben.

 Wenn Sie Arbeitnehmer einstellen wollen: Beschäftigen Sie
einen Minijobber, dann können Sie die Sozialversicherungs-
beiträge pauschal an die Minijobzentrale in Essen abführen.

Formulare, Formulare

Bevorzugen Sie elektronische Unterlagen: Telefonrechnung, Konto-auszüge – vieles können Sie mittlerweile schon online bekommen. Es besteht natürlich das Risiko, dass Sie Daten verlieren, aber Sie sparen Platz und Zeit, denn dann müssen Sie beispielsweise die Rechnungen nicht mehr jedes Mal lochen und abheften. Schicken Sie auch Ihre eigenen Rechnungen wenn möglich elektronisch. Beachten Sie hierbei jedoch, dass diese eine elektronische Signatur tragen müssen, um vom Finanzamt akzeptiert zu werden. Die elektronische Steuererklärung funktioniert leider nicht so einfach: Hier müssen Sie immer noch einen Teil ausdrucken, unterschreiben und mit der Post schicken.

 Stellen Sie sich gut mit den Behörden. Dort sitzen auch nur Menschen. Pochen Sie nicht auf Ihre Rechte, sondern zeigen Sie sich kooperativ – dann helfen die Beamten gerade Klein-unternehmern auch schon mal mit Ratschlägen oder beim Ausfüllen eines Formulars. Und wenn es irgendwann echte Probleme gibt, ist man Ihnen gegenüber nicht schon vorein-genommen.

Informationsflut eindämmen

Als Unternehmer werden Sie mit Informationen und Werbung zuge-schüttet. Zum Teil soll es so sein, das sind die von Ihnen abonnierten Zeitungen, Zeitschriften, Informationsdienste oder Newsletter. Ande-res, wie etwa Fachbücher, haben Sie selbst gekauft. Einiges müssen Sie aus beruflichen Gründen lesen, zum Beispiel Berichte von Projektpart-nern oder Protokolle von Besprechungen. Und in anderen Fällen wollen Ihnen Existenzgründungsberater, Finanzoptimierer, Anwälte oder auch Webdesigner mit Ihrem Werbematerial vermitteln, dass Sie als Selbstständiger besonderen Bedarf gerade an dieser Dienstleistung haben.

Wenn Sie tatsächlich versuchen, alle diese Informationen zu erfassen, verlieren Sie bald den Überblick und wertvolle Arbeitszeit. Doch vieles, was Ihnen an Informationen angeboten wird, benötigen Sie gar nicht. Der beste Tipp: Schmeißen Sie regelmäßig weg, was Sie nicht brauchen, oder besser noch: Sammeln Sie es erst gar nicht. Dazu müssen Sie aber die wichtigen von den unwichtigen Informationen trennen.

 Sie können die Informationsrecherche auch delegieren. Dienstleister wie http://www.newsradar.de oder http:// news.google.de (kostenlos, aber nur für Online-Medien) bieten einen Pressespiegel im Internet. Sie können aber auch jemanden mit der Recherche beauftragen, der die Informationen nach Ihren Kriterien auswählt.

Selektieren Sie Informationsmedien

Sie haben die Lokalzeitung, die *Frankfurter Rundschau* und den *Spiegel* abonniert, weil Sie über alle aktuellen Entwicklungen auf dem Laufenden sein wollen? Das ist sehr löblich. Aber lesen Sie auch wirklich alle Zeitungen und Zeitschriften, die Ihnen per Abo ins Haus flattern? Überprüfen Sie eine Woche lang Ihr Leseverhalten. Solche Abos bieten vielen Menschen das Gefühl, umfassend (weil von mehreren Medien) informiert zu sein. Aber häufig werden die ersten Seiten einer Zeitung nur überflogen, ansonsten dient die Medienfülle nur dazu, das eigene schlechte Gewissen zu beruhigen. Besser, weil unaufwendiger und billiger, aber auch weil weniger Altpapier anfällt, ist es, nur eine Zeitung zu abonnieren. Die anderen können Sie dann gelegentlich zusätzlich in einer ruhigen Stunde kaufen. Entscheiden Sie sich für die Zeitung, die Ihnen die meisten nützlichen Informationen bietet.
Genauso verfahren Sie mit anderen Informationsmedien: Stellen Sie sich keine Fachbücher ins Regal, die Sie ohnehin nicht lesen – das nimmt Platz weg und kostet Sie beim Abstauben und Aufräumen Zeit. Und überprüfen Sie, wie viele E-Mail-Newsletter Sie regelmäßig bekommen. Enthalten diese wirklich nützliche Informationen? Newsletter bewerben meist eine bestimmte Website: Könnten Sie dieselben Informationen nicht schneller auf der dazugehörigen Seite selbst

E-Mails haben auch einen psychologischen Effekt: Gerade wenn die Auftragslage schlecht ist, kann die pure Tatsache, dass Ihr Mailprogramm blinkend das Hereinkommen einer Mail signalisiert, sehr aufbauend wirken. Aber auf Dauer werden Sie merken, dass es unbefriedigend ist, statt von Kunden- von Werbeanfragen vollgeschüttet zu werden.

recherchieren, als wöchentlich den dazugehörigen Newsletter durchzulesen? Bestellen Sie rigoros alle Newsletter ab, die Sie nicht brauchen. Jede unnötige E-Mail verursacht Arbeit, weil Sie diese mindestens löschen müssen.

 Ein echter Zeitfresser und außerdem verboten sind unerwünschte Werbemails. Nutzen Sie die Spamfilter Ihres Anbieters und Ihres E-Mail-Programms. Benutzen Sie neben einer E-Mail-Adresse, die Sie öffentlich zugänglich machen (etwa auf Ihrer Website), eine, die Sie nur ausgewählten Kunden und Mitarbeitern mitteilen. Schreiben Sie auf der Website das @ in der Adresse als (at). Bitten Sie Ihre beruflichen Ansprechpartner um eine aussagekräftige Betreffzeile, damit Sie mit einem Blick wichtige Mails erkennen.

Lesen Sie nutzenorientiert

Wenn Sie Ihr Informationsmaterial reduziert haben, können Sie zusätzlich Zeit sparen, indem Sie die übrig gebliebenen Medien, etwa eine Zeitung oder ein Protokoll, selektiv lesen und so wichtige Informationen auf Anhieb herausfiltern. Lesen Sie zügig und konzentriert und streichen Sie das Wichtigste an. Machen Sie Randnotizen oder, noch besser, exzerpieren Sie Informationen auf ein gesondertes Blatt oder in eine Datei im Computer, damit die Information direkt Eingang in Ihr Ordnungssystem findet. Hilfreich sind hier auch selbstklebende Zettel. Viele Texte sind leicht zu lesen, weil die wichtigsten Passagen fett gedruckt oder anderweitig markiert sind.

Wenn Sie herausfinden wollen, ob es sich lohnt, einen Text gründlich durchzuarbeiten, können Sie vorab eine Schnelllese-technik anwenden: Ziehen Sie mit Bleistift einen dünnen Strich von links oben bis rechts unten über das Papier und lesen Sie entlang dieses Striches. Mit der Zeit werden Sie diese Methode perfektionieren und keinen Bleistiftstrich mehr brauchen.

Achten Sie besonders auf wichtige Schlagworte im Text und darauf, ob der Text für Sie jetzt nützlich ist. Einige Informationen sind vielleicht derzeit irrelevant, könnten aber später wichtig werden. Wenn Sie einzelne Artikel oder Textpassagen aus Printmedien oder dem Internet aufheben wollen, dann ordnen Sie diese unverzüglich in Ihr Ord-nungssystem ein. Oder notieren Sie sich die wichtigen Aussagen in Ihr Notizbuch. Doch fragen Sie sich vorher, ob Sie diese Informationen wirklich aufheben müssen. Finden Sie diese nicht ebenso leicht oder noch schneller im Internet wieder?

 Nutzen Sie die RSS-Technik (Really Simple Syndication, frei übersetzt »wirklich einfache Verbreitung«), um immer einen Überblick über die Inhalte verschiedener Websites zu haben. Sie können diese abonnieren und sich dann alle aktuellen Beiträge auf Ihrem Computer oder PDA anzeigen lassen, ohne dass Sie die verschiedenen Websites separat aufrufen müssen. RSS-Feeds sind kleine Textdateien, in denen Links zu Überschriften aktueller Nachrichten gespeichert werden und die mittlerweile von den meisten Informationssites angeboten werden – achten Sie einmal darauf!. Mit sogenannten kostenlosen RSS-Readern (etwa von der *Financial Times Deutschland* mit Anleitung http://www.ftd.de/div/1220.html oder von http://www.it-rea-der.de) können Sie diese Dateien auslesen. Dazu klicken Sie in der Regel einfach auf das Feedsymbol auf der Website, die Sie abonnieren möchten oder geben die Adresse der Website im Programm an. In den neueren Internetbrowsern ist diese Funk-tion bereits integriert. Die Suchmaschine Google bietet eine »personalisierte Startsite« (oben rechts am Fensterrand), auf der

Sie unter »Beiträge hinzufügen« eine Auswahl an verschiedenen Seiten einfach per Mausklick hinzufügen können.

Der große Vorteil von RSS: Sie verzetteln sich beim Lesen neuer Onlineinformationen nicht, weil Sie gar nicht in die Versuchung kommen, noch hierhin und dorthin zu klicken, sondern mit einem Blick alle wichtigen Informationen beisammen haben.

Durch bessere Entscheidungen zum Erfolg

z.B. Herr T. leitet einen kleinen Handwerksbetrieb mit acht Mitarbeitern. Er merkt, dass seine Kalkulation nicht mehr stimmt. Etwas muss anders werden. Entweder muss er mehr Kunden bedienen oder einsparen. An Kundenanfragen mangelt es ihm nicht. Oft hat er schon Anfragen abgelehnt, weil er so viele Aufträge auf einmal nicht bewältigen konnte. Wenn er in neue Technik investiert, kann er vielleicht mehr Aufträge annehmen. Oder er stellt neue Mitarbeiter ein. Doch eigentlich möchte er gar nicht so viel Stress haben. Vielleicht kann er ja irgendwo sparen? So grübelt Herr T. hin und her und kommt zu keinem rechten Ergebnis.

Wahrscheinlich geht es Ihnen auch gelegentlich wie Herrn T.: Sie stehen vor größeren und kleineren Entscheidungen, die ihnen keiner abnehmen kann, denn als Selbstständiger sind Sie nun mal auf sich allein gestellt. Und Entscheidungen müssen Sie ständig treffen. Manche fallen Ihnen leichter, andere können Ihnen den Schlaf rauben. Für einige haben Sie monatelang Zeit, andere müssen Sie unter Zeitdruck treffen. Manche Ihrer Entscheidungen haben weitreichende Konsequenzen – nicht nur für Sie selbst, sondern auch für Ihre Familie. Entscheidungen zu treffen gehört zu den schwierigsten Aufgaben eines Selbstständigen. Gerade deshalb sollten Sie vor allem wichtige Entscheidungen sorgfältig und systematisch überdenken. Das geht am besten schriftlich. Tatsächlich ist diese simple Methode vielen Menschen zu umständlich. Doch Sie entscheiden sich leichter, wenn Sie alles im wahrsten Sinne vor Augen haben. Lernen Sie die entsprechenden Techniken.

 Sie würden sich gerne näher mit dem Thema Entscheidungs-findung beschäftigen, doch Ihnen fehlt die Zeit? Untersuchungen zeigen, dass unter Zeitdruck gefällte falsche Entscheidungen Unternehmen Millionen kosten können. Wenn Sie also meinen, Sie haben keine Zeit für eine systematische Entscheidung, dann sollten Sie Entscheidungsabläufe in Ihren Zeitplan fest einbinden – Sie sind ja schließlich der Chef.

Je nach Tagesform oder Komplexität der Entscheidungen ist Ihr Vorgehen anders. Einmal entscheiden Sie gleich spontan aus dem Bauch, weil Sie die nötigen Erfahrungen haben, ein anderes Mal analysieren Sie alles gründlich. Reine Bauch- oder Kopfmenschen gibt es kaum, also stecken Sie sich nicht selbst in diese Schubladen, sondern seien Sie offen für neue Ansätze. Eine gute Entscheidung auch unter Zeitdruck zu treffen, können Sie lernen – mithilfe der richtigen Techniken. Das kostet natürlich erst einmal Zeit. Aber überlegen Sie, wie viel Zeit Sie bei Ihren jetzigen Entscheidungen verlieren und was Sie besser machen könnten – dabei hilft Ihnen die Checkliste unten. Mit der Zeit laufen solche eingeübten Entscheidungstechniken in Ihrem Kopf automatisch ab und Sie können besser, schneller und erfolgreicher entscheiden.

Checkliste: Wie gehe ich bisher bei meinen Entscheidungen vor?

- Ich grüble oft ergebnislos herum. – Ich sollte meine Gedanken schriftlich visualisieren.
- Bei vielen Problemen weiß ich gar nicht, wo anfangen. – Am besten Schritt für Schritt vorgehen.
- Schwere Entscheidungen schiebe ich gerne auf, sehe alles zu negativ oder blockiere mich auf andere Weise. – Ich sollte herausfinden, was genau mich emotional blockiert.

- Oft habe ich kaum Zeit, gut zu überlegen. – Ich muss mit Zeitdruck umgehen lernen.
- Mir fallen einfach keine Alternativen ein. – Hier können Kreativitätstechniken helfen.
- Ich benötige häufig mehr Informationen. – Die sollte ich recherchieren.
- Ich überdenke ständig Konsequenzen und Alternativen, ohne Ergebnis! – Ich sollte deshalb alle Möglichkeiten durchrechnen, damit ich zu einem konkreten Ergebnis komme.
- Ich setze viele Entscheidungen dann doch nicht um. – Besser wäre es, öfter konsequent zu sein.

So gelangen Sie in fünf Schritten zu einer optimalen Entscheidung

Schritt 1: Verdeutlichen Sie sich den Rahmen

Sie treffen jede Entscheidung im Rahmen bestimmter Vorgaben. Diese sind festgelegt und nicht zu ändern. Dazu gehören Gegebenheiten, die schon vorher da waren und vielleicht Ihre Entscheidung erst nötig machen (zum Beispiel wirtschaftliche Probleme Ihres Unternehmens), aber auch Vorgaben wie der Zeitraum, in dem Sie Ihre Entscheidung fällen müssen, und das Ziel, das Sie nicht aus den Augen verlieren dürfen. In den Rahmen gehören aber auch persönliche Faktoren wie Ihre Charaktereigenschaften und persönlichen Erfahrungen, die Ihre Entscheidungen unbewusst beeinflussen. Sie wissen selbst am besten, wie Sie gestrickt sind. Bleiben Sie sich weitgehend treu, dann können Sie Ihre Entscheidung hinterher auch vor sich und anderen vertreten. Wenn Sie einmal festgelegt haben, welches die unabänderlichen entscheidungsrelevanten Faktoren sind, dann brauchen Sie darüber während Ihres Entscheidungsprozesses gar nicht mehr nachzugrübeln. Das ist dann so – und fertig!
Wichtig ist, dass Sie Ihre persönlichen Vorgaben in einem übersichtlichen Schema festhalten, damit während des gesamten Entscheidungs-

z.B. Sie stellen Ende April fest, dass Ihr Unternehmen kaum noch Geld hat, und wissen, dass Sie bis zum 10. Juni die vierteljährliche Steuervorauszahlung leisten müssen. Dieser Termin ist fest. Sie müssen jetzt nur noch entscheiden, ob Sie Zeit in neue Akquisemaßnahmen investieren oder sparen wollen, um das Geld pünktlich an das Finanzamt zahlen zu können.

prozesses präsent ist, um was es geht. Visualisieren Sie Ihren Entscheidungsrahmen beispielsweise wie in der Skizze unten. Fragen Sie sich ehrlich: Welche Voraussetzungen sind unveränderbar gegeben? Wie muss das Ergebnis sein? Aber auch: Welche Faktoren sind für mich persönlich unabdingbar? Das könnte etwa so aussehen:

Äußere Faktoren	Persönliche Faktoren
❑ Ich brauche mehr Geld. ❑ Ich muss mich in zwei Wochen entschieden haben.	❑ Ich bin eher auf Sicherheit denn auf Risiko aus. ❑ Ich entscheide gerne analytisch-rational.

Schritt 2: Blockaden überwinden

Tagtäglich führen Sie mit Ihren Entscheidungen Veränderungen herbei. Dabei ist es völlig normal, dass Sie manchmal vor einer Entscheidung unsicher werden: Gewohntes aufzugeben kann verunsichern. Unterdrücken Sie in solchen Momenten Ihre Gefühle nicht einfach, sondern schreiben Sie auf, welche Ängste Sie vor einer Entscheidung haben. Halten Sie aber auch fest, wenn Sie vor einer Entscheidung besonders euphorisch sind. Denn auch positive Empfindungen können Ihre Entscheidung »vernebeln«, wenn Sie die Konsequenzen zu optimistisch beurteilen. Wichtig ist, dass Sie ein möglichst umfassendes Bild von Ihrer Gefühlslage im Hinblick auf die anstehende Entscheidung bekommen. Analysieren Sie diese Gefühle: Was steckt dahinter? Was blockiert Sie bei Ihrer Entscheidung? Erst die Analyse ermöglicht Ihnen, mit unliebsamen emotionalen Einflüssen rational umzugehen. Die folgende Übersicht zeigt Ihnen, mit welchen Argumenten Sie sich in typischen Blockadesituationen davon überzeugen können, dass diese Sichtweise Sie nicht weiterbringt.

Typische Entscheidungshindernisse	Das können Sie dagegen tun
Stress und Zeitdruck: Ich muss mich sofort oder ganz schnell entscheiden.	Nehmen Sie sich die Zeit, die Sie brauchen. Wie das geht, erfahren Sie unten.
Nicht-Neinsagen: Ich will eine Entscheidung treffen, mit der alle zufrieden sind. Ich will niemanden verärgern.	Sie können es nicht allen recht machen. Treffen Sie konsequent eine eigene Entscheidung, zu der Sie stehen. Das lässt sich dann auch besser verkaufen. Wenn Sie nicht Nein sagen können, lesen Sie das entsprechende Kapitel dieses Buches.
Flucht: Ich weiß keine Lösung, also vermeide ich, z.B. indem ich den Kunden wechsle, der mich zu der Entscheidung drängt.	So lösen Sie das Problem nicht, sondern nehmen es wahrscheinlich sogar in die neue Situation mit. Wenn Sie jedes Mal den Kunden wechseln, wenn Sie sich nicht entscheiden können, haben Sie keinen Erfolg.
Komplexität: Ich weiß gar nicht, wo ich anfangen soll.	Splitten Sie Ihr Problem in Teilprobleme, die Sie nacheinander lösen – so ist es weniger komplex.
Selbstbild: Ich hasse es, solche Entscheidungen fällen zu müssen.	Sie haben schon oft und erfolgreich Entscheidungen dieser Art gefällt, daher ist die Negativaussage unbegründet.
Aufschieben: Das Problem erledigt sich von selbst, wenn ich abwarte!	Jedes Aufschieben ist schon eine Entscheidung – für das Aufschieben. Nehmen Sie die Verantwortung an, setzen Sie sich selbst einen Termin! Mehr dazu oben.

Weggablung: Es gibt nur zwei Wege.	In vielen Situationen gibt es mehrere Alternativen. Suchen und finden Sie sie. Mehr dazu unten.
Pessimismus: Ich will alles, was passieren könnte, in mein Denken einbeziehen. Bald konzentriere ich mich aber nur noch auf die Probleme.	Sie spekulieren! Suchen Sie bewusst auch nach positiven Konsequenzen. Wenn das nicht hilft, machen Sie das Gegenteil: Übersteigern Sie Ihren Pessimismus, bis er absurd und lächerlich wirkt.
Bedeutungsaufblähung: Die Entscheidung ist unwiderrufbar oder lebensentscheidend, alles oder nichts!	Die meisten Entscheidungen, auch wenn Sie momentan noch so schwerwiegend scheinen, können Sie später immer noch einmal korrigieren.
Perfektionismus: Ich möchte keinen Fehler machen und keine Schwäche zeigen.	Jeder Mensch hat Fehler und Schwächen. Gestehen Sie sich auch eigene zu. Und machen Sie sich das Positive einer möglichen Fehlentscheidung bewusst: Wo liegt Ihre große Chance, daraus für die Zukunft zu lernen?

Die häufigsten Entscheidungsblockaden im heutigen Arbeitsleben sind Stress und Zeitdruck. Sie verdienen daher eine genauere Betrachtung. Sie kennen das vermutlich auch: Ihr Auftraggeber will ein Projekt bis übermorgen fertig haben, aber Sie haben noch ein anderes, ebenso wichtiges Projekt auf dem Tisch. Doch in vielen Situationen ist der Zeitdruck kleiner, als es im ersten Augenblick scheint. So könnten Sie mit dem Kunden sprechen und ihn um eine Verlängerung bitten. Kunden sind in solchen Fällen meist entgegenkommender, als Sie zunächst denken, und in vielen Situationen bleibt Zeit genug, strukturiert zu überlegen.

Was aber, wenn das Finanzamt nächsten Monat wirklich sein Geld von Ihnen haben will – und Sie sich unter Zugzwang fühlen, weil Sie schnell entscheiden müssen, wie Sie es schaffen, das Geld pünktlich zu zahlen? Wenn Sie wirklich unter Druck stehen, kommt es darauf an, wie Sie mit dem Stress umgehen! Trainieren Sie die Techniken zur Entscheidungsfindung in unstressigen Situationen. Je mehr Übung Sie haben, desto besser können Sie im Ernstfall damit umgehen.

 Wenn Sie sich wirklich schnell entscheiden müssen: Verschaffen Sie sich zunächst einen Moment der Klarheit, wie oben im Kapitel zum Stressabbau beschrieben. Ist die Entscheidung wirklich so dringend? Wenn das zutrifft: Nehmen Sie sich Zeit für sich. Alleine. Wenigstens fünf Minuten. Nicht diskutieren und Zeit verschwenden! Machen Sie klar: Sie brauchen die Pause, um optimal zu entscheiden, und das ist auch notwendig für das Wohl des Unternehmens! Schreiben Sie auf: Wie entscheiden Sie sich spontan? Entscheidet Ihr Kopf oder Ihr Bauch? Analysieren Sie rational: Worum geht es bei der Entscheidung konkret, wer und was ist betroffen? Bringen Sie Ihre spontanen Gefühle mit dem Ergebnis Ihrer rationalen Analyse zusammen: Wie entscheiden Sie sich jetzt, nachdem Sie alles rational durchdacht haben?

Schritt 3: Alternativen bedenken

Wenden Sie sich nun der rationalen Seite Ihrer Entscheidung zu: Überlegen Sie in Ruhe, welche Entscheidungsmöglichkeiten Ihnen zur Verfügung stehen. Hilfreich sind dabei die zahlreichen Kreativitätstechniken, die Sie weiter oben im Abschnitt zur Motivation schon kennengelernt haben. Durch die Anwendung kommen Sie auf viele neue Ideen.

Schreiben Sie zunächst alle Alternativen auf, wie die Übersicht unten es zeigt. Vielleicht gibt es schon eine oder mehrere Alternativen, für die Sie sich intuitiv entscheiden wollen? Aber notieren Sie auch Alternativen, die Ihnen zunächst noch völlig unrealistisch erscheinen. Denn mehrere Alternativen zu haben, ist immer besser, als nur zwischen zwei extremen Möglichkeiten wählen zu können. Wichtig ist aber, dass

Alternativen eingehend zu prüfen und dann doch zu verwerfen, ist keine Zeitverschwendung: Wenn Sie alle Möglichkeiten gründlich abgewogen haben, können Sie hinterher viel besser zu Ihrer Entscheidung stehen und diese auch nach außen vertreten. Und vielleicht entscheiden Sie sich nach eingehender Prüfung gerade für den unwahrscheinlichsten Weg?

Sie Ihre spontanen Gefühle, Ihre Intuition, wenn Sie die Möglichkeiten auflisten, festhalten. Wenn Sie wollen, können Sie das auch in Form von Smilys oder Zahlen zwischen 0 und 5 machen (0 steht für negativ, 5 für positiv). Das könnte etwa so aussehen:

Alternativen	Spontane Gefühle	Wertung
Ich investiere in neue Technik, um mehr Kunden bedienen zu können.	Wäre super, aber wahrscheinlich zu teuer.	4
Ich stelle mehr Mitarbeiter ein.	Das wäre das Beste, ist aber wohl zu teuer.	3
Ich suche nach besonders billigen Arbeitskräften, zum Beispiel Praktikanten.	Dabei habe ich Bauchschmerzen.	0
Ich delegiere Arbeitsgänge nach außen, dann habe ich mehr Zeit für das Wesentliche und kann mehr Kunden bedienen.	Super Idee, aber ob sie durchführbar ist? Das erscheint mir viel zu umständlich.	4
Ich arbeite selbst noch mehr.	Dann klappe ich zusammen.	0

Ich suche mir Kooperationspartner.	Gute Idee, aber ob das die notwendigen Einsparungen bringt?	3
Ich spare, indem ich Mitarbeiter entlasse.	Das gefällt mir überhaupt nicht.	0
Ich spare am Kundenservice.	Dann sind die Kunden unzufrieden und gehen zur Konkurrenz.	1
Ich spare an den Produktionskosten.	Dann wird die Qualität schlechter und die Kunden beschweren sich.	0

Schritt 4: Informationsbeschaffung

 Wenn Ihre Entscheidungen auf sachlichen Informationen basieren, die Sie gut und wohlüberlegt recherchiert haben, bieten Sie weniger Angriffsfläche für Kritiker.

Sie haben nun eine ganze Menge an Informationen gesammelt und auch notiert, wie Sie die Alternativen spontan und intuitiv empfinden. Aber Sie wollen ja auch eine rationale, fundierte Entscheidung treffen. Damit Sie aber bei jeder Ihrer Alternativen die möglichen Konsequenzen bedenken können, brauchen Sie Fakten – und damit kommen Sie zur aufwendigsten Phase des Entscheidungsprozesses, denn diese Informationsrecherche kostet Zeit.

 Vernachlässigen Sie die Recherche trotz Zeitdruck nicht. Aber Achtung: Wenn Sie zu viele Informationen anhäufen, verlieren Sie den Überblick und erschweren sich die Entscheidung unnötig.

Damit Sie in der Ihnen zu Verfügung stehenden Zeit genügend fundierte Informationen zusammenbekommen, um die Alternativen möglichst sachlich bewerten zu können, müssen Sie zielgerichtet recherchieren. Beschränken Sie den Informationsfluss von vorne herein durch eine gezielte Fragestellung zu jedem Aspekt Ihrer Entscheidung. Die Frage »Wie kann ich am besten einsparen?« bringt Sie nicht weiter, sie ist viel zu unkonkret. Nur wenn Sie Ihr Problem stärker eingrenzen und hinterfragen, bekommen Sie auch genaue Antworten. Das ist vor allem dann wichtig, wenn Sie selbst keine Zeit für die Informationsbeschaffung haben und diese an jemand anderen delegieren wollen (mehr dazu im entsprechenden Kapitel). Wenn Sie als eine mögliche Alternative zum Einsparen etwa über Mitarbeiterentlassungen nachdenken, sollten Sie gezielt nach Daten und Fakten suchen, die Ihnen helfen, sich dafür oder dagegen zu entscheiden. Solche präzisen Fragen sollten Sie für jede Ihrer Alternativen stellen – nur so erhalten Sie ein objektives Bild. Erstellen Sie schriftlich eine Liste mit konkreten Fragen wie in der Übersicht unten und notieren Sie, wo Sie die Details dazu finden. Gewichten Sie durch Zahlen: Was müssen Sie genau wissen (5), was nicht (1)?

Beispiele für genaue Fragestellungen	Wo finde ich die Informationen?	Wichtig?
Wie viel mehr kann ich durch technische Neuinvestitionen verdienen?	Erfahrungen von anderen Firmen, Statistiken	5
Ist es günstiger, Mitarbeiter einzustellen oder Arbeiten outzusourcen?	Erfahrungen von anderen Firmen, Statistiken	4
Haben andere Firmen durch Einsparungen am Kundenservice Kunden verloren?	Erfahrungen von anderen Firmen, Statistiken, Kundenbefragung	4

Wie viel haben andere Firmen durch Einsparungen am Kundenservice gespart?	Erfahrungen von anderen Firmen, Statistiken	5
Haben andere Firmen durch Einsparungen bei der Produktion Kunden verloren?	Erfahrungen von anderen Firmen, Statistiken, Kundenbefragung	4
Wie viel haben andere Firmen durch Einsparungen in der Produktion gespart?	Erfahrungen von anderen Firmen, Statistiken.	5
Wie wirken sich Mitarbeiterentlassungen auf die Motivation der restlichen Mitarbeiter aus?	Erfahrungen von anderen Firmen, Statistiken, Mitarbeiterbefragung	2

Schritt 5: Die Entscheidung »durchrechnen«

Erst wenn Sie die Fakten kennen, können Sie auch die Konsequenzen Ihrer Entscheidung wirklich abschätzen. Sie können die Argumente natürlich in Ihrem Kopf hin und her wälzen. Besser ist allerdings, diese aufzuschreiben – etwa als Pro- und Kontra-Liste. Eine andere Möglichkeit, die verschiedenen Aspekte nur mit plus oder minus zu bewerten, ist, jede Alternative mit allen Konsequenzen für sich durchzurechnen, wie es unten dargestellt wird. Die Konsequenzen sind dabei gleichzeitig die Kriterien für Ihre Entscheidung. Bewerten Sie die Kriterien mit Zahlen zwischen 1 und 5. Eine 5 vergeben Sie, wenn Sie erwarten, dass diese Konsequenz genau so eintritt, und eine 1, wenn nicht. Beschreiben Sie Ihre Meinung außerdem mit Worten näher. Bewerten Sie alle Alternativen mit denselben Kriterien – nur so können Sie vergleichen! Bei wichtigen Kriterien verdoppeln Sie den Wert (bei allen Alternativen!). Zählen Sie die Werte jeweils zusammen, dann sehen Sie sofort, wie Sie sich – rein rechnerisch natürlich – am besten entscheiden sollten. Wie das aussehen kann, zeigen Ihnen die folgenden Beispiele. (Aus Platzgründen wurden nur drei mögliche Alternativen ausgewählt und dargestellt.)

Ich investiere in neue Technik		
Mehr Geld × 2	3	Risiko: Ob es sich lohnt, weiß ich erst hinterher.
Kundenzufriedenheit × 2	5	Sehr hoch, da besserer Service
Mitarbeiterzufriedenheit	2	Die müssen erst mal mehr arbeiten, weil sie sich einarbeiten müssen.
Zusätzliche Ausgaben	2	Als Folgekosten noch Werbekosen, um neue Kunden zu gewinnen
Stressfaktor	5	Erst mal höher
Ich behalte alles im Blick	5	Ja
Gesamtsumme	30	

Ich spare an den Produktionskosten		
Mehr Geld × 2	5	Kurzfristig ja
Kundenzufriedenheit × 2	1	Schlecht
Mitarbeiterzufriedenheit	1	Ich muss vielleicht Mitarbeiter entlassen.
Zusätzliche Ausgaben	5	Keine
Stressfaktor	3	Vielleicht höher, da alle mehr arbeiten müssen
Ich behalte alles im Blick	5	Ja
Gesamtsumme	26	

Ich lagere Arbeitsgänge aus		
Mehr Geld × 2	5	Ich spare Lohnnebenkosten.
Kundenzufrieden-heit mal2	4	Gut, da der Service gleich bleibt
Mitarbeiterzufrie-denheit	1	Ich muss Mitarbeiter entlassen.
Zusätzliche Ausga-ben	3	Bürokratiekosten
Stressfaktor	2	Bürokratischer Aufwand
Ich behalte alles im Blick	1	Nein, ich habe weniger Einfluss auf diese Arbeitsgänge.
Gesamtsumme	27	

Rein rechnerisch hat – in diesem Beispiel – die Alternative, in neue Technik zu investieren, um damit mehr Geld zu verdienen, die meisten Punkte. Sie können sich nun dafür entscheiden, das umzusetzen und damit zufrieden sein. Damit haben Sie Ihre Entscheidung nach rationalen und logischen Erwägungen getroffen. Vergegenwärtigen Sie sich aber auch nochmals, was Sie spontan bei der Abwägung der Alternativen gedacht haben: In dem Beispiel hatte die Alternative Investieren auch eine sehr hohe Punktzahl. Ebenso gut hatte Ihnen spontan das Outsourcen gefallen, das in der rationalen Entscheidung nur auf Platz zwei liegt. Damit ist klar, dass Sie sich sowohl emotional auch als rational zugunsten neuer Investitionen entschieden haben.

Vielleicht steht Ihr rechnerisches Ergebnis aber im Gegensatz zu Ihrem spontanen Bauchgefühl; dann müssen Sie abwägen, was für Sie wichtiger ist. Leider kann Ihnen niemand den generellen Ratschlag geben: Hören Sie immer auf Ihren Bauch oder immer auf Ihren Verstand. Das müssen Sie je nach Situation und Ihren persönlichen Vorgaben (denken Sie an Ihren Rahmen!) stets neu entscheiden. Überdenken Sie dazu nochmals die verschiedenen Argumente. Im vorliegenden Fall würden Sie vielleicht aus dem Bauch heraus für Neuinvestitionen votieren – einfach weil auch schon spontan notiert wurde, dass das Outsourcen von einzelnen Arbeitsgängen Ihnen zwar gefallen würde, aber vielleicht zu umständlich ist. Die rationalen Überlegungen haben diese intuitive Einschätzung bestätigt.

 Tipp Wenn sie unschlüssig sind, werfen Sie eine Münze – nicht, um sich zu entscheiden, sondern um zu merken, was Sie eigentlich wollen: Schon während die Münze fällt, hoffen Sie vielleicht auf Kopf, weil Sie eigentlich die Gehälter kürzen wollen. Oder Sie reagieren spontan mit Widerwillen, wenn die Münze auf Zahl fällt, weil Sie nicht umstrukturieren wollen.

Erfolgsfaktor Misserfolg

So gut Sie als Selbstständiger auch planen: Irgendetwas wird immer nicht klappen. Fatal ist, dass solche Misserfolge sich in der Regel erst dann zeigen, wenn schon etwas schiefgegangen ist, das sich häufig nicht mehr ändern lässt. Wie aber lassen sich Misserfolge dennoch in Erfolge umwandeln?

z.B. Frau F. hat sich als Lektorin auf EDV-Handbücher spezialisiert und wird nach Stunden bezahlt. Sie ist stolz darauf, die Aufträge immer sehr schnell und damit preiswert, aber dennoch zuverlässig zu erledigen. In letzter Zeit jedoch hat ihr Hauptauftraggeber nach dem Lektorat öfter noch Fehler in den Büchern gefunden. Frau F. ist wegen der nachfolgenden Beschwerden wütend auf sich selbst. »Aber ich kann doch eigentlich gar nichts anders machen«, jammert sie ihrem Mann vor, »außer dass ich eben etwas sorgfältiger und länger an den Aufträgen lese und dann dafür mehr Geld nehme.«

Wie Sie bei Misserfolgen mit sich selbst umgehen

Ein entscheidender Aspekt Ihrer Selbstorganisation besteht darin, wie Sie mit Misserfolgen umgehen. Niemand gibt gerne zu, dass er einen Fehler gemacht hat – weder vor sich und erst recht nicht vor anderen. Man möchte lieber perfekt und fehlerlos erscheinen. Es ist daher völlig normal und in Ordnung, wenn Selbstständige wie Frau F. zunächst ärgerlich reagieren und versuchen, alle Schuld von sich zu weisen. Aber Sie wollen sich ja nicht nur ärgern, sondern Sie wollen wissen, wie Sie den Misserfolg in einen Erfolg umwandeln. Dazu müssen Sie sich wieder einmal zunächst selbst analysieren. Beobachten Sie einen Monat lang genau, wie Sie auf Misserfolge reagieren. Legen Sie dazu eine Tabelle mit drei Spalten an. In die erste Spalte links tragen Sie Ihre Misserfolge ein. In die mittlere Spalte schreiben Sie, wie Sie sich verhalten, wenn sich der Misserfolg zeigt. Schreiben Sie genau auf, was Sie denken und in welchen Worten. Die ersten beiden Spalten könnten beispielsweise so aussehen:

Spalte 1: Beispiel für Misserfolg	Spalte 2: So verhalte ich mich
Technische Mängel:	
Der Computer ist häufiger defekt. Durch Systemabstürze ist es zum Verlust wichtiger Daten gekommen.	Ich rege mich furchtbar auf. »Wenn ich das Gerät doch öfter hätte warten lassen, am besten gleich beim ersten Absturz.«
Im Unternehmen ist Wireless-Lan installiert, aber die Verbindung wird ständig unterbrochen, dadurch gab es Verzögerungen bei einem wichtigen Auftrag.	Ich beschwere mich wütend bei meinem Händler und denke im Hinterkopf: »Eigentlich bin ich mit einem normalen Netzwerkkabel doch ganz gut gefahren, warum habe ich das nur geändert?«

Der Kopierer verursacht häufiger Papierstau. Grund: Falsche Bedienung durch die Mitarbeiter. Dadurch wurden wichtige Unterlagen verspätet an das Finanzamt gesandt und nun gibt es Probleme.	Ich bin sehr wütend auf die betreffenden Mitarbeiter: »Ich hatte ihnen doch noch extra schnell erklärt, wie es geht … aber vielleicht hätte ich mir dafür mehr Zeit nehmen müssen.«
Organisatorische Probleme:	
Stress, weil Sie zu viele Aufträge angenommen haben.	Ich bin sauer auf die Kunden: »Müssen die denn immer gleichzeitig etwas von einem wollen? Und eigentlich ist es doch nach der langen Flaute verständlich, dass ich alles annehme, was kommt!«
Stress, weil Sie zu viele verschiedene Aufträge aus ganz unterschiedlichen Bereichen angenommen und sich verzettelt haben.	Ich bin sauer auf die Kunden: »Warum haben die nur immer irgendwelche Spezialwünsche, mit denen ich mich dann verzettele. Wenn ich nur spezialisierte Leistungen anbieten würde, dann passierte mir das nicht!«
Sie haben die Arbeit an einen Mitarbeiter delegiert und er hat es falsch gemacht.	Ich bin sauer: »Ich habe doch alles erklärt. Was für ein Idiot. Was genau hat er denn nicht verstanden?«
Sie wollten heute doch so viel erledigen, aber irgendwie hat ständig irgendwer angerufen, sodass Sie zu gar nichts gekommen sind.	Ich bin genervt: »Können die mich nicht alle in Ruhe lassen? Ich hänge noch irgendwann das Telefon einfach aus!«
Sie wollten noch so viel schaffen, aber irgendwie kriegen Sie nichts hin.	Ich schimpfe auf das Wetter: »Das schlägt auf den Kreislauf, da ist man ständig müde und möchte nur noch Pausen machen.«

Sie müssen dringend noch die Buchhaltung und Steuererklärung machen, aber Sie finden einfach keine Zeit dazu.	Ich frage mich: »Warum muss ich mich mit derart unangenehmen Aufgaben überhaupt herumschlagen, das könnte ein Steuerberater doch viel besser!«
Sie haben einen wichtigen Termin vergessen.	Ich denke: »Hätte mich nicht jemand daran erinnern können? Ich bin nun mal chaotisch und in meiner Zettelwirtschaft geht gerne etwas unter – das wissen meine Mitarbeiter doch!«
Kundenbeschwerden:	
Ein Kunde reklamiert, dass Ihr Produkt schon nach kurzer Zeit nicht mehr funktioniert.	Ich bin höflich zu dem Kunden, aber insgeheim denke ich: »Der hat das bestimmt falsch behandelt. Meine Produkte gehen nicht kaputt.«
Sie haben einen Auftrag nicht vertragsgemäß ausgeführt und es gibt Ärger mit einem Auftraggeber.	Ich bin insgeheim sauer auf den Auftraggeber: »Der hätte genau sagen können, was er will. Na gut, ich hätte auch darauf achten können.«
Sie haben nicht zum vereinbarten Termin geliefert.	Ich denke: »Warum musste das auch so eilig gemacht werden … Na schön, vielleicht ist mein Zeitmanagement auch nicht so gut …«
Sie haben unter Zeitdruck gearbeitet, einen Fehler gemacht und der Kunde hat dadurch Probleme bekommen.	Ich rechtfertige mich beim Kunden: »Kein Wunder, wenn Sie so wenig bezahlen, ich muss dann eben mehr für meine Leistung verlangen.«

Ihr Kunde fühlt sich betrogen, weil er sich etwas ganz anderes vorgestellt hatte.	Ich bin zum Kunden freundlich, denke aber: »Keine Ahnung, warum der Kunde mich falsch verstanden hat – eigentlich interessiert es mich auch nicht, ich habe recht!«
Der Kunde ist sauer, weil Sie die Preise erhöht haben.	Ich bin zum Kunden freundlich, denke aber: »Der Typ hat doch keine Ahnung davon, wie der Markt aussieht!«
Ihr Kunde ist sauer, weil er das gleiche Produkt woanders billiger bekommen könnte.	Ich bin zum Kunden freundlich, denke aber: »So ein Idiot, dabei ist mein Produkt doch viel besser!«

Vielleicht stellen Sie bei der Analyse fest, dass Sie zur Rechtfertigung besonders gerne Sätze wie »Ja, aber ich habe doch …« oder »Eigentlich habe ich schon …« verwenden? In diesen Sätzen steckt meist schon die Lösung des Problems, wie das Beispiel von Frau F. zeigt: Sie hat selbst spontan herausgefunden, was Sie in Zukunft besser machen kann, auch wenn sie es noch gar nicht so richtig einsehen will. Aber durch diesen Misserfolg wird sie erkennen, dass sie das gewohnte Arbeitstempo nicht halten kann und für ihre Arbeit mehr Geld verlangen muss. Das ist eine bedeutsame persönliche Entwicklung. Und um eine solche Weiterentwicklung herbeizuführen, die wichtig ist, damit das Unternehmen dauerhaft am Markt bestehen bleibt, sind Misserfolge notwendig, denn der Mensch lernt eben vor allem aus seinen Fehlern und schlechten Erfahrungen. Um diesen Lerneffekt zu erzielen, sollten Sie sich nun der dritten Spalte Ihrer Misserfolge-Tabelle zuwenden: Tragen Sie hier ein, was Sie angesichts dieser Erfahrung in Zukunft besser machen können (der Einfachheit halber werden im nachfolgenden Beispiel nur noch Spalte 1 und 3 dargestellt):

Spalte 1: Beispiel für Miss-erfolg	Spalte 3: Das lerne ich daraus
Technische Mängel:	
Der Computer ist häufiger defekt. Durch Systemabstürze ist es zum Verlust wichtiger Daten gekommen.	Ich lasse die Technik öfter warten. Auch wenn das zunächst mehr Geld kostet, lohnt sich die Investition langfristig.
Im Unternehmen ist Wireless-Lan installiert, aber die Verbindung wird ständig unterbrochen, dadurch gab es Verzögerungen bei einem wichtigen Auftrag.	Ich erkenne, dass für mein Unternehmen die neueste Technik nicht immer die beste ist, und greife auf die konventionellere Kabelverbindung zurück.
Der Kopierer verursacht häufiger Papierstau. Grund: Falsche Bedienung durch die Mitarbeiter. Dadurch wurden wichtige Unterlagen verspätet an das Finanzamt gesandt und nun gibt es Probleme.	Ich erkläre den Mitarbeitern genau, wie sie den Kopierer zu bedienen haben, und führe Sanktionen ein, etwa die Zahlung von kleinen Beträgen für verschwendetes Papier.
Organisatorische Probleme:	
Stress, weil Sie zu viele Aufträge angenommen haben.	Auch wenn ich vorher lange keine Aufträge hatte: Ich kann nichts Übermenschliches schaffen. Ich bitte die Kunden um langfristigere Termine, delegiere Aufträge weiter oder lehne sie ab. Das verschafft mir auch bei den Kunden Achtung.
Stress, weil Sie zu viele verschiedene Aufträge aus ganz unterschiedlichen Bereichen angenommen und sich verzettelt haben.	Ich spezialisiere mich wirklich nur noch auf einzelne Bereiche und nehme in anderen Bereiche keine Aufträge mehr an – dann wissen die Kunden gleich, woran sie sind, und ich verzettele mich nicht.

Sie haben die Arbeit an einen Mitarbeiter delegiert und er hat es falsch gemacht.	Ich frage den Mitarbeiter, was er nicht verstanden hat, und achte beim nächsten Mal darauf, es genauer zu erklären.
Sie wollten heute doch so viel erledigen, aber irgendwie hat ständig irgendwer angerufen, sodass Sie zu gar nichts gekommen sind.	Ich sorge für eine stille Stunde, in der ich in Ruhe arbeiten kann und für niemanden zu erreichen bin, und halte das konsequent ein. Zu anderen Zeiten bin ich für Kundenanfragen da.
Sie wollten noch so viel schaffen, aber irgendwie kriegen Sie nichts hin.	Ich akzeptiere, das ich nicht immer so kann, wie ich will: Ob Wetter, Krankheit oder Stress – ich schalte einen Gang runter.
Sie müssen dringend noch die Buchhaltung und Steuererklärung machen, aber Sie finden einfach keine Zeit dazu.	Ich erledige wichtige unangenehme Aufgaben sofort oder ich delegiere sie an einen Spezialisten. Aber das muss gemacht werden.
Sie haben einen wichtigen Termin vergessen.	Ich verlasse mich nicht mehr auf andere, sondern lege mir einen Terminkalender, einen Organizer oder ein Zeitplanbuch zu.
Kundenbeschwerden:	
Ein Kunde reklamiert, dass Ihr Produkt schon nach kurzer Zeit nicht mehr funktioniert.	Ich kontrolliere die Qualität meiner Produkte noch genauer, auch wenn das mehr Zeit kostet und ich vielleicht etwas mehr dafür verlangen muss.
Sie haben einen Auftrag nicht vertragsgemäß ausgeführt und es gibt Ärger mit einem Auftraggeber.	Ich habe den Auftrag so ausgeführt, wie ich ihn laut Vertrag verstanden habe. Wenn das ein Missverständnis war, muss ich beim nächsten Mal auf genauere Absprachen achten.

Sie haben nicht zum vereinbarten Termin geliefert.	Ich überdenke mein Zeitmanagement, ggf. muss ich weniger Aufträge annehmen und vielleicht für einzelne Aufträge mehr verlangen.
Sie haben unter Zeitdruck gearbeitet, einen Fehler gemacht und der Kunde hat dadurch Probleme bekommen.	Ich plane mehr Zeit für solche Aufträge ein, damit ich diese sorgfältiger erledigen kann. Dafür kann ich dann einen etwas höheren Preis verlangen.
Ihr Kunde fühlt sich betrogen, weil er sich etwas ganz anderes vorgestellt hatte.	Ich habe den Kunden nicht ausreichend informiert. Ich kommuniziere meine Dienstleistung beim nächsten Mal anders.
Der Kunde ist sauer, weil Sie die Preise erhöht haben.	Ich habe gute Gründe für diese Preiserhöhung, diese muss ich dem Kunden vermitteln.
Ihr Kunde ist sauer, weil er das gleiche Produkt woanders billiger bekommen könnte.	Ich stelle bei der Werbung deutlicher heraus, warum mein Produkt mehr Qualität hat und dementsprechend mehr kostet.

Wenn Sie mit Ihrer Übersicht fertig sind, schneiden Sie die ersten beiden Spalten der Tabelle einfach ab und schmeißen Sie sie weg, oder klappen Sie sie einfach nach hinten. Die Fehler, die Sie gemacht haben, und Ihre Reaktion darauf können Sie getrost vergessen, oder zumindest brauchen Sie sich nicht weiter darüber zu ärgern. Wichtig ist nur, dass Sie im Kopf behalten, was übrig bleibt, nämlich Spalte 3 Ihrer Tabelle: Die Dinge, die Sie gelernt haben, die Sie in Zukunft besser machen werden – und die daher zum Erfolgsfaktor für Ihr Unternehmen bestimmt sind.

Misserfolge sind wichtige Lehrer und gehören zu Ihren persönlichen Erfahrungen. Diese wiederum machen Sie als Person und als Unternehmer einzigartig und unterscheiden Sie von Ihren Konkurrenten. Akzeptieren Sie deshalb Ihre Fehler und lernen Sie daraus. Das ist ein wichtiges Erfolgskriterium für Ihr Unternehmen.

Wie Sie bei Misserfolgen mit Kunden umgehen

Doch bei Misserfolgen kommt es nicht nur darauf an, was Sie daraus lernen. Denn leider sind von Misserfolgen häufig nicht nur Sie, sondern auch Ihre Kunden betroffen. Und die äußern ihren Unmut in Beschwerden. Diese sind nicht nur negativ zu sehen: Häufig wissen Sie gar nicht, was Ihre Kunden wirklich denken. Wenn sich jemand beschwert, ist das für Sie eine gute Möglichkeit, herauszufinden, wie Ihre Leistung aufgenommen wird – ohne dass Sie für teures Geld eine aufwendige Marktstudie betreiben müssen.

 Ein chinesisches Sprichwort sagt: »Wer mir schmeichelt, ist mein Feind, wer mich tadelt, mein Lehrer.«

Daran sollten Sie denken, wenn Kunden sich beschweren wollen

Eine Beschwerde bietet Ihnen die Möglichkeit, aktiv und sofort etwas für die Zufriedenheit des Kunden zu tun. Studien zeigen, dass es für Unternehmer tatsächlich leichter ist, einen reklamierenden Kunden zu halten, als einen neuen Kunden zu gewinnen.

Kundenzufriedenheit ist wichtig: Je zufriedener ein Kunde ist, desto höher ist auch seine Treue und Loyalität gegenüber Ihrem Unternehmen. Zufriedene Kunden sind gegenüber Preiserhöhungen tendenziell weniger empfindlich als unzufriedene und weniger empfänglich für Konkurrenzprodukte. Und sie interessieren sich auch für andere Leistungen des Unternehmens. Außerdem empfehlen zufriedene

Kunden Sie weiter. Wenn Sie die Zufriedenheit Ihrer Kunden zusätzlich noch nach außen tragen, etwa durch Werbung wie »Unsere Kunden sind begeistert«, schaffen Sie ein positives Image und bieten potenziellen Kunden eine wichtige Orientierung im Wettbewerb. Schließlich setzen Sie mit positiven Kundenresonanzen auch Maßstäbe für andere Unternehmen und verpflichten sich damit gleichzeitig zu permanent guter Qualität. Das sorgt für Vertrauen.

Kundenzufriedenheit ist also ein wichtiger Aspekt Ihres Erfolges. Sorgen Sie dafür, dass Kunden positive Erfahrungen mit Ihrem Produkt oder Ihrer Dienstleistung machen, etwa durch hohe Qualität, ein gutes Preis-Leistungs-Verhältnis, einen guten Service, Freundlichkeit und Zuverlässigkeit gerade auch bei Beschwerden.

 Ob der Kunde aber hinterher wirklich zufrieden ist, hängt nicht nur von Ihnen ab, sondern maßgeblich auch davon, was Ihr Kunde erwartet, bevor er Ihr Produkt kauft oder Ihren Service in Anspruch nimmt. Übertreffen Sie die Erwartung des Kunden, ist er zufrieden, wird die Erwartung nicht erfüllt, ist der Kunde unzufrieden. Diese Erwartung wiederum wird beeinflusst von Erfahrungen, die der Kunde vorher mit ähnlichen Produkten gemacht hat oder dem Bild, das der Kunde durch Werbung oder Mundpropaganda von Ihrem Unternehmen hat.

Die Erwartungshaltung von Kunden können Sie leider nur in sehr geringem Maße steuern, etwa indem Sie vorab möglichst zutreffende Werbeversprechen machen. Doch Kunden sind heutzutage selbstbewusst und anspruchsvoll, weil Sie Ihre Rechte kennen und besser über Preise und Konkurrenzprodukte informiert sind, außerdem lassen Sie sich immer schwerer in Zielgruppen einteilen. Auch Stammkunden können aus Neugier oder Langeweile plötzlich versuchsweise einen anderen Anbieter ausprobieren, obwohl sie mit dem bisherigen Unternehmen zufrieden sind. Diese Gefahr ist vor allem dann gegeben, wenn Sie als Unternehmer kein eindeutiges Profil aufweisen und Ihr Angebot austauschbar erscheint. Und im Laufe der Zeit verändern

Kunden möglicherweise ihre Einstellung gegenüber Ihrem Unternehmen, einfach weil Sie neue Erfahrungen gemacht haben und andere Bewertungsmaßstäbe anlegen. Das erschwert es Ihnen als Unternehmer, Kunden auf Dauer zufriedenzustellen.

 Dass Ihre Kunden mit Ihnen zufrieden sind, bedeutet nicht automatisch, dass Sie immer bei Ihnen kaufen. Schaffen Sie ein positives Image Ihres Unternehmens, etwa durch Werbung oder spezielle Aktionen, sodass Kunden Sie im Kopf behalten. Heben Sie sich mit besonderen Merkmalen deutlich von der Konkurrenz ab. Wenn klar ist, dass Sie der einzige oder beste Anbieter für ein Produkt oder eine Dienstleistung sind, ist Kundenzufriedenheit nur am Rande wichtig. Denn diese ist nur ein, wenn auch wichtiger Faktor für Ihren Erfolg.

Daran sollten Sie im Gespräch mit reklamierenden Kunden denken

 Da Beschwerden als Gradmesser für Kundenzufriedenheit so wichtig sind, sollten Sie vorab genau festlegen, wie Sie bei Kundenbeschwerden verfahren. Im Fachjargon heißt das: Entwickeln Sie ein Beschwerdemanagement. Aber ein gutes Beschwerdemanagement heißt nicht, in Zukunft keine Reklamationen mehr zu haben, es ist also keine Vermeidungsstrategie. Vielmehr legt es fest, wie Ihr Unternehmen standardisiert reklamierenden Kunden begegnet. Das verhindert auch unnötige Rückfragen und Zaudern, wenn es mal schnell gehen muss.

Es ist wichtig, dass Sie auch bei Beschwerden zu Kunden freundlich und höflich sind, denn Sie wollen den Kunden ja nicht verprellen und ihn mundtot machen, sondern im Gegenteil wichtige Informationen erhalten. Ihr Ziel in einem solchen Beschwerdegespräch sollte es einerseits sein, den Kunden zu beruhigen, sein Vertrauen in Sie selbst und Ihr Unternehmen wieder aufzubauen und ihn weiterhin an sich zu binden, aber andererseits auch Informationen darüber zu erhalten, was Sie in Zukunft besser machen können, damit daraus eine Strategie entsteht. Sowohl Vertrauensbildung als auch Unternehmensstrategie sollten Chefsache sein, daher empfiehlt es sich nicht, das Beschwerdemanagement an Mitarbeiter zu delegieren – auch wenn die Aufgabe natürlich zunächst unangenehm erscheint.

 Beschwerden von Mitarbeitern entgegennehmen zu lassen, heißt auch, Verantwortung abzugeben. Sie vermitteln Kunden damit den Eindruck, dass sie nicht wirklich ernst genommen werden. Nutzen Sie lieber eine Reklamation, um sich dem Kunden positiv zu präsentieren. Machen Sie Kunden das Reklamieren durch schnelle Erreichbarkeit und klare Zuständigkeit leicht. Wenn Sie delegieren, sollten Ihre Mitarbeiter kompetent und geschult sein.

Für den Erfolg des Gespräches ist entscheidend, dass Sie zunächst herausfinden, was Ihr Kunde wirklich will und wo seine Bedürfnisse liegen. Vielleicht befürchtet er finanzielle Nachteile, weil er sich für Ihre Leistung entschieden hat? Vielleicht ist er unsicher, ob er das richtige Produkt, die richtige Dienstleistung gewählt hat? Vielleicht ist er einfach nicht ausreichend über Ihr Unternehmen informiert?

z.B. Herr V. ist IT-Berater. Ein Kunde ruft an, um sich über die angeblich fehlerhafte neue Software und die schlampige Arbeit zu beschweren, wegen der er ein wichtiges Projekt nicht beenden kann. Er beschimpft Herrn V. wütend als »unfähigen Idioten«. Herr V. hört zunächst gelassen zu. Mit sachlichen Fragen findet er heraus, dass der Kunde eine wichtige Funktion der Software übersehen hat. Herr V. kann ihm am Telefon sofort helfen und der Kunde entschuldigt sich.

Lassen Sie dazu den Kunden erst einmal ausreden, ohne ihn zu unterbrechen, und hören Sie zunächst aktiv zu. Schenken Sie dem Kunden Ihre ganze Aufmerksamkeit, denken Sie noch nicht darüber nach, was Sie antworten wollen. Signalisieren Sie dem Kunden Ihr Interesse und Ihr Mitgefühl – das kann auf fünf Arten geschehen:

❏ Aufnehmendes Zuhören: Durch Kurz- oder Bestätigungslaute wie »mmhh«, »aha«, »ja« signalisieren Sie »Ich höre Ihnen zu«.

❏ Betroffenes, verständnisvolles Zuhören: Zeigen Sie Einfühlungsvermögen nach dem Motto: »Ich weiß, wie Ihnen zumute ist«, oder bedanken Sie sich für die Reklamation.

❏ Umschreibendes Zuhören: Sie wiederholen die Aussagen des Kunden in Ihren Worten und klären, ob die Gesprächspartner auf den gleichen Verständnisebenen sind.

❏ Zusammenfassendes Zuhören: Sie fassen Aussagen Ihres Kunden nochmals zusammen und stellen so sicher, dass Sie keine Informationen überhört haben: »Es geht Ihnen also nicht nur darum, sondern auch ...«

❏ Rückfragendes Zuhören: Sie prüfen, ob Sie den Kunden richtig verstanden haben: »Wenn ich Sie richtig verstanden habe, meinen Sie ...«

Zwei Köpfe, zwei Meinungen. Doch das Unschöne an Beschwerden ist oft nicht, dass Sie erfolgen, sondern wie Sie vorgebracht werden – nämlich meistens entsprechend unfreundlich. Verständlicherweise ärgert Sie das. Denn leider enthalten nur etwa 20 Prozent des Gesprächs sachliche Informationen, die Ihnen weiterhelfen. Die restlichen 80 Prozent sind Emotionen. Daher ist es kein Wunder, dass es häufig zu Missverständnissen kommt, die es Ihnen entsprechend schwer machen, zu ergründen, was der Kunde will, und selbst auch sachlich zu bleiben.

Versuchen Sie, emotionale Aspekte wie Beleidigungen und ungerechtfertigte Aussagen zu überhören, und konzentrieren Sie sich ganz auf die Sachinhalte. Schreiben Sie diese auf, und bitten Sie den Kunden um Bedenkzeit, bevor Sie reagieren. Wenn Sie sich abgekühlt haben, konzentrieren Sie sich nur noch auf Ihre Notizen. Dadurch können Sie sachlich bleiben. Wenn Sie das einige Male gemacht haben, bekommen Sie Übung im Überhören von emotionalen Angriffen und bleiben ruhiger.

Wenn Sie sofort reagieren müssen, dann bringen Sie den reklamierenden Kunden durch Fragetechniken auf eine sachliche Ebene. Nur mithilfe von gezielten, freundlichen Fragen können Sie herausfinden, was Ihr Kunde überhaupt bemängelt. IT-Berater V. aus dem Beispiel oben fand mit folgenden Fragen heraus, wo das Problem seines Kunden wirklich lag.

- ❏ Offene Frage: »Wie kam es zu dieser Situation?« oder »Erklären Sie mir genau, was passiert ist.«
- ❏ Suggestive Frage: »Sie können sich doch sicher vorstellen, dass es etwas schwierig ist, Ihnen per Ferndiagnose zu helfen?«
- ❏ Gezielte sachliche Frage: »Welche Funktionen der Software haben Sie bislang ausprobiert?« oder »Welche Probleme haben Sie genau?«
- ❏ Geschlossene Frage, die nur ein Ja oder ein Nein als Antwort zulässt: »Haben Sie auf diese Schaltfläche geklickt?«
- ❏ Alternative Frage: »Möchten Sie lieber diese oder jene Einstellung als Grundeinstellung in Ihre Software übernehmen?«
- ❏ Rhetorische Frage: »Da stellt sich natürlich die Frage, ob das Handbuch der Software wirklich benutzerfreundlich geschrieben wurde.«

 Isolieren Sie den reklamierenden Kunden. So bekommt er keine Sonderfunktion, und andere Kunden werden vor Ansteckungsgefahr geschützt. Denn Beschwerden werden verschärft vorgetragen, wenn Publikum dabei ist, und auch von anderen Kunden negativ aufgenommen.

173

Tipp Wenn ein reklamierender Kunde zu Ihnen ins Unternehmen kommt, dann bieten Sie ihm einen Sitzplatz an. Im Sitzen schimpft es sich schwerer als im Stehen.

Jetzt erst folgt die Reaktion. Doch Vorsicht: Die Heftigkeit und Dringlichkeit, mit der manche Kunden sich beschweren, verführt schnell dazu, überstürzt und panikartig Zusagen zu machen, die man gar nicht einhalten kann. Erst wenn Sie wissen, worum es wirklich geht, können Sie angemessen reagieren. Sie helfen Ihrem Kunden nur dann weiter, wenn Sie etwas zusagen, was Sie auch einhalten können. Herr V. zum Beispiel war einen Moment lang verführt, seinen Kunden aufzusuchen, um ihm vor Ort zu helfen. Aber er hat andere ebenso wichtige Kunden und deshalb keine Zeit für einen zusätzlichen Besuch. Stattdessen half er dem Kunden telefonisch weiter, kümmerte sich dafür aber sofort um die Angelegenheit. Damit hat er in diesem Fall optimal reagiert. Bei der Reaktion auf die Beschwerde hat er sich an folgende Regeln gehalten:

- ❏ Dem Kunden sagen, dass man die Reklamation erfasst hat
- ❏ Sich für den Reklamationsanlass entschuldigen, auch wenn man nichts dafür kann
- ❏ Ruhig und höflich bleiben, nicht ausfällig werden
- ❏ Immer sachlich bleiben und aggressive Vorwürfe nicht erwidern
- ❏ Diskussionen, Streitgespräche vermeiden
- ❏ Keine Killerphrasen wie »Das geht aber so nicht«
- ❏ Auf keinen Fall dem Kunden Vorwürfe betreffend falscher Handhabung machen
- ❏ Ausflüchte oder Schuldzuweisungen an Dritte vermeiden. Den Kunden interessiert nicht primär die Ursache, sondern wie der Missstand so schnell wie möglich behoben werden kann.
- ❏ Die Beschwerde so schnell wie möglich erledigen oder, falls das nicht möglich ist, sich persönlich dafür einsetzen, dass die ersten Maßnahmen eingeleitet werden. Dem Kunden einen Termin geben, bis wann der Vorgang erledigt sein wird. Reklamationen sind

immer dringend zu behandeln. Bei Terminverzögerungen den Kunden sofort informieren

❏ Vorerst nur so viel versprechen, wie auch sicher eingehalten werden kann. Reklamationen sind Nichteinhaltungen des Verkaufsversprechens, deshalb muss ein zweites Versprechen unbedingt eingehalten werden.

❏ Ersatzprodukte oder alternative Lösungen bereithalten, falls eine schnelle Erledigung nicht möglich ist

❏ Hinterher beim Kunden nachfragen, ob er mit der Erledigung des Problems auf diese Art und Weise zufrieden ist

 Richten Sie ein Informationssystem zur systematischen Erfassung der Reklamationsfälle ein, werten Sie diese regelmäßig aus. Überlegen Sie alleine oder mit Ihren Mitarbeitern, wie diese zu beheben sind.

5.

Optimales Zeitmanagement macht sich bezahlt

Sie haben jetzt erfahren, wie ein optimales Zeitmanagement sich positiv auf Ihre Arbeitsorganisation und Ihre Produktivität auswirkt und damit auch entscheidend ist für den Erfolg Ihres Unternehmens. Wenn Sie Ihre Unternehmensorganisation im Griff haben, hilft Ihnen das, andere von Ihren Qualitäten zu überzeugen. Denn eine optimale Wirkung auf andere, seien es Mitarbeiter oder Kunden, ist auch das Ergebnis einer guten Selbstorganisation.

Und auch die optimale Planung und Vorbereitung Ihrer Arbeit selbst wirkt sich positiv aus: Wenn Sie alle Arbeitsgänge gut durchdacht und vorbereitet haben, können Sie auch auf Kritik an Ihrer Arbeitsweise souverän reagieren, denn Sie wissen ja, was dahintersteckt. Und je organisierter Sie selbst arbeiten, desto besser und effizienter können Sie auch Arbeitsabläufe mit anderen planen und durchführen.

Ein weiterer entscheidender Punkt ist die Motivation: Wenn Sie nicht an den Erfolg Ihres Unternehmens glauben und nicht genügend motiviert sind, diesen auch durchzusetzen, können Sie kaum andere Menschen überzeugen, denn diese merken Unsicherheiten sehr schnell. Je stärker motiviert und überzeugt Sie von sich sind und je konsequenter Sie Ihre Ziele verfolgen, desto kompetenter wirken Sie auch auf andere.

Wenn Sie Ihre Zeitplanung im Griff haben, wirken Sie zudem auch entspannter. Was würden Sie von einem Verkäufer halten, der die ganze Zeit im Laden hektisch um Sie herumwirbelt oder der Sie bei jeder Frage unfreundlich anblafft, weil er gestresst ist? Vermutlich würden Sie diesen Menschen unsympathisch finden und das Weite suchen. Und würden Sie sich als Mitarbeiter über einen ständig genervten Chef freuen? Vermutlich würden Sie eher unter einem schlechten Betriebsklima leiden und weniger motiviert arbeiten. Da Sie als Unternehmer solche Effekte weder bei Kunden noch bei Mitarbeitern erreichen wollen, sollten Sie die Tipps zur Stressreduzierung beherzigen, denn auch entspanntes Arbeiten trägt wesentlich zu Ihrem Unternehmenserfolg bei.

Schließlich bedeuten Zielsetzung, Planung und Umsetzung auch, dass Sie konsequent handeln, beispielsweise indem Sie auch einmal »Nein« sagen oder zu Ihren Entscheidungen stehen. Das können Sie aber nur, wenn Sie sich Ihrer Ziele bewusst sind und Ihre Entscheidungen gut durchdacht haben. Konsequenz aber verschafft Ihnen bei Kunden und Mitarbeitern gleichermaßen Respekt.

Sie sehen, ein gutes Zeitmanagement ist nicht nur für Sie selbst von Vorteil, sondern trägt auch maßgeblich zum Erfolg Ihres Unternehmens bei. Denn nur wenn Sie Ihre Organisation im Griff haben, können Sie andere Menschen von Ihrem Produkt oder Ihrer Dienstleistung überzeugen.

Literaturverzeichnis

Albert, Jochen: *Besser entscheiden. Gebrauchsanweisung für Unentschlossene.* Frankfurt am Main: Eichborn, 2006. (weitere Informationen: http://www.berufsstrategie.de)

Allen, David: *Wie ich die Dinge geregelt kriege. Selbstmanagement für den Alltag.* München: Piper, 2004.

Becker, Irene; Meyer-Kles, Jutta: *Lieber schlampig glücklich als ordentlich gestresst. Wege aus der Perfektionismusfalle.* Frankfurt am Main: Campus, 2004.

Blomberg, Anne von: *Simplicity.* München: Ariston, 2002.

Boerner, Helmut; Lipczinsky, Margit: *Wer sich kennt, hat mehr Erfolg. Persönlichkeitsfitness für den beruflichen und privaten Alltag,* München: Kösel, 2006.

Brückner, Michael: *Beschwerdemanagement.* Heidelberg: Redline Wirtschaft, 2005.

Cube, Felix von; Dehner, Klaus; Schnabel, Andreas: *Führen durch Fordern. Die BioLogik des Erfolgs.* München: Piper, 2005.

DeWolf, Rose; Freeman, Arthur: *Die zehn dümmsten Fehler kluger Leute. Wie man klassischen Denkfallen entgeht.* München: Piper, 2004.

Grötzebach, Claudia; von der Meden, Barbara: *Kompetent entscheiden und verantwortungsbewusst handeln.* Stuttgart: Edumedia, 2003. (Lehrbuch zum Zertifikat Xpert Personal Business Skills mit vielen praxisorientierten Übungen, Bezug über den Verlag. Weitere Informationen: http://www.personal-business-skills.de)

Hansen, Katrin: *Selbst- und Zeitmanagement.* Berlin: Cornelsen, 2004.

Härter, Gitte: *Ja, nein, vielleicht? Entscheidungen leichter treffen.* Nürnberg: Bildung und Wissen, 2005. (mit CD-ROM)

Helmstetter, Chad: *Anleitung zum positiven Denken.* Mannheim: Pal, 2002

Hofert, Svenja: *Praxisbuch Existenzgründung. Erfolgreich selbstständig werden und bleiben.* Frankfurt am Main: Eichborn, 2004. (weitere Informationen: http://www.berufsstrategie.de)

Janson, Simone: *Existenzgründung für Klein(st)selbstständige und Freiberufler.* Wehlau: Beamte4u, 2007. (Als E-Book immer auf dem neuesten Stand, Bezug über http://www.beamte4u.de)

Knoblauch, Jörg; Wöltje, Holger: *Zeitmanagement. Perfekt organisieren mit Zeitplaner und Handheld.* Freiburg im Breisgau: Haufe, 2006.

Koch, Daniel: *Effektives Zeitmanagement mit Outlook,* Düsseldorf: Data Becker, 2006. (Weitere Informationen und kostenlose Downloads zum Buch: http://www.myjob-online.de)

Krenovsky, Annette; Reiter, Wilfried: *Es irrt nicht nur der Chef.* München: Kösel, 2003.

Lindinger, Karin: *Lass los und ... gewinne! Wie Sie falsche Vorstellungen aufgeben und reich dafür belohnt werden.* München: Gräfe und Unzer, 2004.

Magretta, Joan; Stone, *Nan: Basic Management. Alles, was man wissen muss.* München: Deutsche Verlagsanstalt, 2002.

Meichenbaum, Donald: *Kognitive Verhaltensmodifikation.* Weinheim: Beltz PVU, 1995.

Pflägling, Nils: *Führen mit flexiblen Zielen. Beyond Budgeting in der Praxis.* Frankfurt am Main: Campus, 2006.

Preuss-Scheuerle, Birgitt: *Entscheide und ... gewinne! Schluss mit dem ewigen »Vielleicht«.* München: Gräfe und Unzer, 2006.

Scheler, Uwe: *Erfolgsfaktor Networking. Mit Beziehungsintelligenz die richtigen Kontakte knüpfen, pflegen und nutzen.* München: Piper, 2005.

Seiwert, Lothar: *Das neue 1x1 des Zeitmanagement.* München: Gräfe und Unzer, 2006.

Seiwert, Lothar: *Balance Your Life.* Die Kunst, sich selbst zu führen. München: Piper, 2004.

Schütze, Roland: *Kundenzufriedenheit. After Sales Marketing auf industriellen Märkten.* Wiesbaden: Gabler, 1992.

Schilling, Gert: *Zeit optimal nutzen.* Stuttgart. Edumedia, 2002. (Lehrbuch zum Zertifikat Xpert Personal Business Skills mit vielen praxisorientierten Übungen, Bezug über den Verlag. Weitere Informationen: http://www.personal-business-skills.de)

Tödter, Ulf; Werner, Jürgen: *Erfolgsfaktor Menschenkenntnis,* Berlin: Cornelsen, 2006.

Wack, Otto-Georg: *Probleme lösen und Ideen entwickeln.* Stuttgart. Edumedia, 2002. (Lehrbuch zum Zertifikat Xpert Personal Business Skills mit vielen praxisorientierten Übungen, Bezug über den Verlag. Weitere Informationen: http://www.personal-business-skills.de)

Wiecke, Thomas: *Erfolgreiches Zeitmanagement.* Frankfurt am Main: Eichborn, 2004. (weitere Informationen: http://www.berufsstrategie.de)

Stichwortverzeichnis